大学教養
基礎数学
［演習編］

大学理系学部
1年生のための
「線形代数」
「常微分方程式」
への橋渡し

松井伸容

開拓社

はじめに

　本書は、大学初年度で教養数学を学ぶ前に、高校での履修の有無に関わらず、これから理系学部で学修するために必要な数学を補完する目的、つまり高校で習った数学から大学で学ぶ数学への橋渡しとなるように、編集された演習問題集です。高校レベルの内容となるが、難度の高い問題はありません。しかし、入学前にこれだけは知っておきたい、学力が不足している分野をどのように自分で学習すべきか、厳選された問題を公式も含めて修得することを目的しています。そして、最終的には大学で学習する「線形代数」「常微分方程式」の2解法習得の橋渡しとなっています。

目的と構成

　本書は理系学部での数学科目、あるいは各学科の専門科目に必要な高校数学を復習する目的で編成されています。すべて見開き完結型で「解法のポイント」「重要」「解答」をコンパクトにまとめてありますので、自分で学習し易くなっています。主な構成は次のような分野になっており、必要不可欠な分野のみを凝縮してあります。

第Ⅰ部	線形代数への橋渡し	〜2次関数と方程式・不等式，図形と計量など〜
第Ⅱ部	線形代数への橋渡し	〜三角・指数・対数関数と方程式など〜
第Ⅲ部	常微分方程式への橋渡し	〜極限と微分積分〜
第Ⅳ部	線形代数への橋渡し	〜個数の処理と確率，平面幾何〜
第Ⅴ部	線形代数への橋渡し	〜ベクトルと数列〜
第Ⅵ部	線形代数への橋渡し	〜行列と1次変換，2次曲線など〜
第Ⅶ部	常微分方程式への橋渡し	〜1階微分方程式〜

これらは、大学で学習する「線形代数」への橋渡しとして非常に大切です。線形代数は、現代数学を支える柱の一つといっても過言でないほどの重要な分野です。数学のみならず物理学や工学、さらには経済や社会科学など幅広い学問分野と繋がっています。連立1次方程式やベクトルは、特に密接に関係しています。また「微分積分」のなかでも特に「常微分方程式」は、線形代数と同様に数学以外のさまざまな学問分野に応用されており、自然現象までをも記述するとても興味深い対象です。

　これらの2つは大学で学ぶ数学の基本解法です。これらを習得すれば、数学におけるものの見方も変わってきます。そうなるためには、本書を活用して基礎の基礎を再構築して頂けると幸いです。

　今回この出版の機会を与えてくださり、あたたかく見守っていただいた株式会社開拓社　代表取締役　武村哲司社長、神奈川大学理学部長　日野晶也教授，同大学理学部数理・物理学科　木村敬准教授に深く感謝します。

2014年3月

松井伸容

Contents

第Ⅰ部

1. 2次不等式 …………………… 8
2. 2次方程式 …………………… 10
3. 2次関数とグラフ …………… 12
4. 2次関数の最大・最小 ……… 14
5. 2次関数の最大・最小 ……… 16
6. 2次関数の最大・最小 ……… 18
7. 2次方程式と実数解 ………… 20
8. 三角比 ………………………… 22
9. 正弦定理・余弦定理 ………… 24
10. 図形と計量 …………………… 26
11. 三角比の平面図形への応用 … 28
12. 平面図形の計量 ……………… 30
13. 三角比の平面図形への応用 … 32

第Ⅱ部

14. 整数問題 ……………………… 34
15. 2次方程式 …………………… 36
16. 2次方程式 …………………… 38
17. 高次方程式 …………………… 40
18. 高次方程式 …………………… 42
19. 高次方程式 …………………… 44
20. 相加平均・相乗平均 ………… 46
21. 直線 …………………………… 48
22. 点と直線 ……………………… 50
23. 円と直線 ……………………… 52
24. 円と直線 ……………………… 54
25. 軌跡 …………………………… 56
26. 不等式と領域 ………………… 58
27. 加法定理 ……………………… 60
28. 加法定理 ……………………… 62
29. 加法定理 ……………………… 64
30. 加法定理 ……………………… 66
31. 加法定理 ……………………… 68
32. 三角関数 ……………………… 70
33. 三角関数の最大・最小 ……… 72
34. 指数関数 ……………………… 74
35. 指数関数 ……………………… 76
36. 対数方程式 …………………… 78
37. 対数不等式 …………………… 80
38. 対数方程式と不等式 ………… 82
39. 対数関数 ……………………… 84
40. 常用対数 ……………………… 86
41. 曲線の接線,最大・最小 …… 88
42. 曲線の接線と面積 …………… 90
43. 放物線と直線 ………………… 92
44. 定積分 ………………………… 94

Contents

第 III 部

- 45 逆関数 …………………… 96
- 46 導関数 …………………… 98
- 47 ガウス記号と極限 …………… 100
- 48 数列の極限 ………………… 102
- 49 漸化式と数列の極限 ………… 104
- 50 無限級数 …………………… 106
- 51 無限等比級数 ……………… 108
- 52 関数の極限 ………………… 110
- 53 導関数 ……………………… 112
- 54 整式の除法と導関数 ………… 114
- 55 媒介変数と接線の傾き ……… 116
- 56 定積分 ……………………… 118
- 57 定積分 ……………………… 120
- 58 定積分 ……………………… 122
- 59 定積分と数列 ……………… 124
- 60 定積分と数列 ……………… 126
- 61 面積 ………………………… 128
- 62 区分求積法 ………………… 130
- 63 非回転体の体積 …………… 132
- 64 関数の極限，面積，体積 …… 134
- 65 極方程式と曲線の長さ ……… 136

第 IV 部

- 66 場合の数 …………………… 138
- 67 順列 ………………………… 140
- 68 場合の数 …………………… 142
- 69 確率 ………………………… 144
- 70 確率の計算 ………………… 146
- 71 確率の計算 ………………… 148
- 72 確率の計算 ………………… 150
- 73 確率 ………………………… 152
- 74 二項定理 …………………… 154
- 75 二項定理 …………………… 156
- 76 必要十分条件 ……………… 158
- 77 平面図形の性質 …………… 160
- 78 平面図形の性質 …………… 162

第 V 部

- 79 ベクトルの内積と平面図形への応用 …… 164
- 80 ベクトルの平面図形への応用 … 166
- 81 ベクトルの成分と平面図形への応用 …… 168
- 82 ベクトルの内積と平面図形への応用 …… 170
- 83 ベクトルの外積と空間図形への応用 …… 172
- 84 ベクトルの外積と空間図形への応用 …… 174
- 85 ベクトルの空間図形への応用 … 176
- 86 ベクトルの空間図形への応用 … 178
- 87 数列 …… 180
- 88 漸化式 …… 182
- 89 漸化式 …… 184
- 90 漸化式 …… 186
- 91 いろいろな数列 …… 188
- 92 いろいろな数列 …… 190

第 VI 部

- 93 行列の計算，行列のn乗 …… 192
- 94 行列のn乗 …… 194
- 95 回転 …… 196
- 96 回転 …… 198
- 97 点の移動 …… 200
- 98 1次変換 …… 202
- 99 楕円 …… 204
- 100 極座標と極方程式 …… 206

第 VII 部

- 101 新しい問題 …… 208
- 102 新しい問題 …… 210
- 103 新しい問題 …… 212

問題 1 2次不等式

2次不等式 $x^2+(a+2)x+a^2-24 \leqq 0$ の解が $-2 \leqq x \leqq b$ になるという．このとき $a=\boxed{\text{アイ}}$，$b=\boxed{\text{ウ}}$ である．

解法のポイント

2次不等式の解から考察する．

重要

2次不等式の解法

2次不等式 $ax^2+bx+c=0$ の実数解を α, β $(\alpha \leqq \beta)$ とし，判別式を $D=b^2-4ac$ とする．ただし，$a>0$ とする．

判別式	2次不等式	解
$D>0$	$ax^2+bx+c>0$	$x<\alpha,\ \beta<x$
	$ax^2+bx+c<0$	$\alpha<x<\beta$
$D=0$	$ax^2+bx+c>0$	$x<\alpha,\ \alpha<x$
	$ax^2+bx+c<0$	解なし
$D<0$	$ax^2+bx+c>0$	解はすべての実数
	$ax^2+bx+c<0$	解なし

解 答

2次不等式の解から $-2 \leqq x \leqq b \iff (x+2)(x-b) \leqq 0$

$$\iff x^2 + (2-b)x - 2b \leqq 0 \quad \cdots ①$$

ここで，2次不等式 $\quad x^2 + (a+2)x + a^2 - 24 \leqq 0 \quad \cdots ②$

①と②は一致するから

$2 - b = a + 2 \iff -b = a \cdots ③$ ， $-2b = a^2 - 24 \cdots ④$

③を④に代入して

$\quad -2(-a) = a^2 - 24$

$\quad \iff a^2 - 2a - 24 = 0$

$\quad \iff (a+4)(a-6) = 0$

$\quad \iff a = -4, \ a = 6$

ここで，$-2 < b$ と③から，$a < 2$

よって，$\boldsymbol{a} = \underset{\text{アイ}}{-4}$　さらに③に代入して，$\boldsymbol{b} = \underset{\text{ウ}}{4}$

問題 2 2次方程式

$x^2+px+q=0$ の2つの解を α, β とする. $x^2-px-q=0$ の2つの解が, $\alpha-1, \beta-1$ となるとき, q の値を求めよ.

解法のポイント

2次方程式の解と係数の関係から考察する.

重要

❶ **2次方程式の解と係数の関係**

2次方程式 $ax^2+bx+c=0$ $(a\neq0)$ の2つの解 α, β とすると

$$\alpha+\beta=-\frac{b}{a}, \quad \alpha\beta=\frac{c}{a}$$

❷ **3次方程式の解と係数の関係**

3次方程式 $ax^2+bx^2+cx+d=0$ $(a\neq0)$ の2つの解 α, β, γ とすると

$$\alpha+\beta+\gamma=-\frac{b}{a}, \quad \alpha\beta+\beta\gamma+\gamma\alpha=\frac{c}{a}, \quad \alpha\beta\gamma=-\frac{d}{a}$$

解 答

2次方程式 $x^2+px+q=0$ の2つの解が α, β

> $\alpha+\beta=-p$ …①
>
> $\alpha\beta=q$ …②

2次方程式 $x^2-px-q=0$ の2つの解が $\alpha-1$, $\beta-1$

$\iff (\alpha-1)+(\beta-1)=-\dfrac{-p}{1}$, $(\alpha-1)(\beta-1)=\dfrac{-q}{1}$

> $\alpha+\beta-2=p$ …③
>
> $\alpha\beta-(\alpha+\beta)+1=-q$ …④

①を③に代入すると,

$-p-2=p \iff \boldsymbol{p=-1}$

p の値を④に代入して,

$q-(-p)+1=-q \iff \boldsymbol{q=0}$

問題 3 2次関数とグラフ

2つの放物線 $y=ax^2+x+1$ と $y=x^2+bx+c$ がある．これらの軸はともに直線 $x=1$ であり，またこれらの頂点が一致するとき，$a=\boxed{\text{ア}}$，$b=\boxed{\text{イ}}$，$c=\boxed{\text{ウ}}$ である．

解法のポイント

2次関数の軸の方程式と頂点の座標を考える．

2次関数 $y=ax^2+bx+c=a\left(x+\dfrac{b}{2a}\right)^2-\dfrac{b^2-4ac}{4a}$ $(a\neq 0)$

軸の方程式 $x=-\dfrac{b}{2a}$，頂点 $\left(-\dfrac{b}{2a},\ -\dfrac{b^2-4ac}{4a}\right)$

解答

$y = ax^2 + x + 1 = a\left(x + \dfrac{1}{2a}\right)^2 - \dfrac{1}{4a} + 1$
$(a \neq 0)$
$\begin{cases} \text{軸の方程式 } x = -\dfrac{1}{2a} \\ \text{頂点 } \left(-\dfrac{1}{2a},\ -\dfrac{1}{4a} + 1\right) \end{cases}$

$y = x^2 + bx + c = \left(x + \dfrac{b}{2}\right)^2 - \dfrac{b^2}{4} + c$
$\begin{cases} \text{軸の方程式 } x = -\dfrac{b}{2} \\ \text{頂点 } \left(-\dfrac{b}{2},\ -\dfrac{b^2}{4} + c\right) \end{cases}$

軸の方程式が一致するから $x = -\dfrac{1}{2a} = -\dfrac{b}{2} = 1 \iff \boldsymbol{a = -\dfrac{1}{2}} \cdots ①$,

$\boldsymbol{b = -2} \cdots ②$

頂点の y 座標も一致するから $-\dfrac{1}{4a} + 1 = -\dfrac{b^2}{4} + c \iff c = \dfrac{b^2}{4} - \dfrac{1}{4a} + 1$

この式に①,②を代入して $c = \dfrac{(-2)^2}{4} - \dfrac{1}{4\left(-\dfrac{1}{2}\right)} + 1 = \dfrac{5}{2}$

以上より $\boldsymbol{a = -\dfrac{1}{2}}$, $\boldsymbol{b = -2}$, $\boldsymbol{c = \dfrac{5}{2}}$
　　　　　　ア　　　　イ　　　ウ

問題 4 2次関数の最大・最小

次の（　）に当てはまる数値，または式を求めよ．

実数 a, b, c が $a+b+c=2$ を満たすとき，$a^2+b^2+c^2$ の最小値は（　）である．

解法のポイント

コーシー・シュワルツの不等式　または

一文字消去して平方完成を考える．

重要

$(a^2+b^2+c^2)(x^2+y^2+z^2) \geqq (ax+by+cz)^2$

$\left(\text{等号成立は } \dfrac{x}{a}=\dfrac{y}{b}=\dfrac{z}{c} \text{ のとき．ただし，分母}=0 \text{ のとき分子}=0\right)$

解答　$(a^2+b^2+c^2)(1^2+1^2+1^2) \geqq (a\cdot1+b\cdot1+c\cdot1)^2$

$\iff 3(a^2+b^2+c^2) \geqq (a+b+c)^2 = 2^2 = 4 \iff a^2+b^2+c^2 \geqq \dfrac{4}{3}$

等号成立　$\dfrac{a}{1}=\dfrac{b}{1}=\dfrac{c}{1}$，かつ　$a+b+c=2$

$\iff a=b=c=\dfrac{2}{3}$　　　以上より，

$\min\{a^2+b^2+c^2\} = \dfrac{4}{3}$　　$\left(a=b=c=\dfrac{2}{3} \text{ のとき}\right)$

解 答

与式 $= a^2+b^2+c^2 = a^2+b^2+\{2-(a+b)\}^2$

a に着目して与式を整理して，平方完成すると

与式 $= 2a^2-2(2-b)a+2b^2-4b+4 = 2\left(a-\dfrac{2-b}{2}\right)^2+\dfrac{3b^2-4b+4}{2}$

更に第2項目の式には b に着目して与式を整理すると

与式 $= 2\left(a-\dfrac{2-b}{2}\right)^2+\dfrac{3}{2}\left(b-\dfrac{2}{3}\right)^2+\dfrac{4}{3}$

ここで，$a-\dfrac{2-b}{2}$, $b-\dfrac{2}{3}$ は実数より，$\left(a-\dfrac{2-b}{2}\right)^2 \geqq 0$, $\left(b-\dfrac{2}{3}\right)^2 \geqq 0$

だから，与式 $= 2\left(a-\dfrac{2-b}{2}\right)^2+\dfrac{3}{2}\left(b-\dfrac{2}{3}\right)^2+\dfrac{4}{3} \geqq 0+0+\dfrac{4}{3} = \boldsymbol{\dfrac{4}{3}}$

等号成立 $a-\dfrac{2-b}{2}=0$, $b-\dfrac{2}{3}=0$, $c=2-(a+b) \iff a=b=c=\dfrac{2}{3}$

よって，$\min\{a^2+b^2+c^2\} = \boldsymbol{\dfrac{4}{3}}$

$\left(a=b=c=\dfrac{2}{3} \text{ のとき}\right)$

問題 5　2次関数の最大・最小

次の　　　をうめよ．

2次関数 $y=x^2-4x+3$ の $|x|\leqq 3$ における最大値は　ア　である．また，$|x|\leqq a$ （$a>0$）における，$y=x^2-4x+3$ の最小値が a^2-4a+3 であるとき，a の値の範囲は　イ　である．

解法のポイント

2次関数の最大・最小値は，軸と定義域及び定義域の中央値の位置を考える．

重要

2次関数の最大・最小

$y=f(x)=ax^2+bx+c=a(x-p)^2+q$

$\left(\text{ただし，}a\neq 0,\ p=-\dfrac{b}{2a},\ q=-\dfrac{b^2-4ac}{4a}\right)$

❶　$-\infty<x<\infty$ のとき，$a>0$ ならば，$x=p$ で最小値，最大値なし

　　$-\infty<x<\infty$ のとき，$a<0$ ならば，$x=p$ で最大値，最小値なし

❷　$-\alpha<x<\beta$ のとき，軸 $x=p$ の位置により場合分けをして考える．

解答

最大値 2次関数 $y = x^2 - 4x + 3 = (x-2)^2 - 1$ （$-3 \leq x \leq 3$）

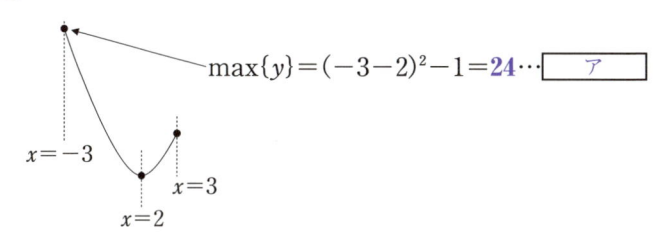

$\max\{y\} = (-3-2)^2 - 1 = \mathbf{24}$ … ア

$x = -3$
$x = 2$
$x = 3$

最小値 2次関数 $y = x^2 - 4x + 3 = (x-2)^2 - 1$ （$-a \leq x \leq a$, $a > 0$）

$0 < a \leq 2$ … イ のとき

$\min\{y\} = a^2 - 4a + 3$

定義域の中央値

$a > 2$ のとき

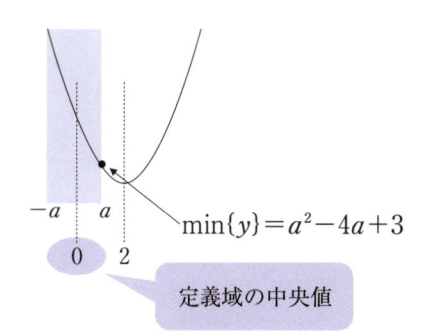

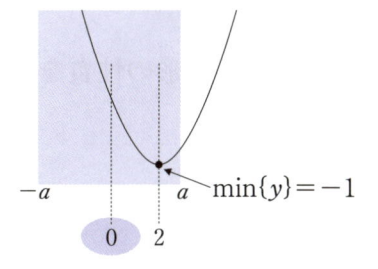

$\min\{y\} = -1$

問題 6　2次関数の最大・最小

三角形 ABC は AB＝AC＝10，BC＝12 の二等辺三角形である．長方形 PQRS を右図のように内接させるとき，PQRS の面積の最大値を求めたい．BQ＝3x（ 0 ＜x＜ 2 ）とおけば PQ＝ 4 x である．よって，長方形 PQRS の面積は -24 x^2＋ 48 x と表されるので，x＝ 1 のとき最大値 24 をとる．

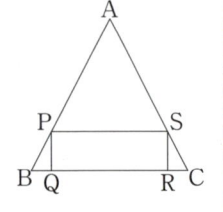

解法のポイント

二等辺三角形の性質を考える．

解 答

頂点 A から底辺 BC に垂線を下ろし，交点を M とする．

二等辺三角形の性質から BM＝CM＝6，AM⊥BC

また直角三角形 AMB より AM＝8．

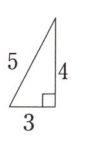

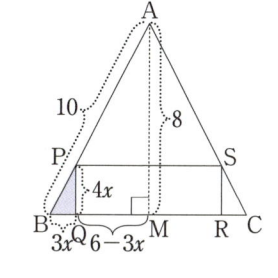

BQ＝3x （x＞0）より，

QM＝6－3x＞0．よって，**0**＜x＜**2**．

更に，三角形 ABM∽三角形 PQB より，PQ＝**4x**．

長方形 PQRS の面積は

4x×{2×(6－3x)}＝**－24**x^2＋**48**x

$\qquad\qquad\qquad\quad = -24(x-1)^2 + 24$

よって，x＝**1** のとき，最大値 **24**

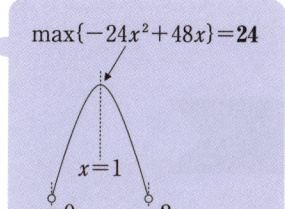

max{－24x^2＋48x}＝**24**

x＝1

x＝0　　x＝2

問題 7　2次方程式と実数解

k を定数とする．方程式 $x^2-|x|-6=k$ を満足する実数 x がちょうど 3 個あるのは $k=\boxed{\text{ア}}$ のときであり，この方程式を満足する実数 x が存在しないのは k の範囲が $\boxed{\text{イ}}$ のときである．

解法のポイント

方程式 $f(x)=k$ の実数解の個数は
曲線 $y=f(x)$ と直線 $y=k$ の交点の数を考える．

重要

❶ 方程式 $f(x)=0$ の実数解は，曲線 $y=f(x)$ と x 軸の交点の x 座標である．

❷ 方程式 $f(x)=k$ の実数解の個数は，曲線 $y=f(x)$ と直線 $y=k$ の交点の個数である．

❸ $x=\alpha$ が $f(x)=0$ の重解 $\iff f(\alpha)=0,\ f'(\alpha)=0$

❹ 3次方程式 $f(x)=0$ が異なる 3 つの実数解をもつ
　　$\iff$ （極大値）×（極小値）<0

解 答

関数 $y = f(x) = x^2 - |x| - 6 = k$ とする.

曲線 $f(x) = \begin{cases} x^2 - x - 6 = \left(x - \dfrac{1}{2}\right)^2 - \dfrac{25}{4} \\ x^2 + x - 6 = \left(x + \dfrac{1}{2}\right)^2 - \dfrac{25}{4} \end{cases}$ $\iff f(-x) = f(x)$ より, y 軸対称

右図のようなグラフの曲線 $y = f(x)$ と直線 $y = k$ との共有点の個数が方程式の実数解の個数に対応する.

実数解 x がちょうど 3 個
$\iff$ 交点が 3 個
$\iff \boldsymbol{k = -6}$ ア

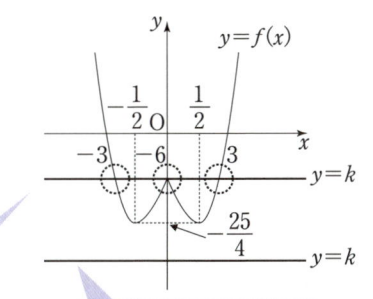

実数解 x が存在しない
$\iff$ 交点なし
$\iff \boldsymbol{k < -\dfrac{25}{4}}$ イ

問題 8 三角比

$\sin\theta - \cos\theta = \dfrac{\sqrt{2}}{2}$ のとき，$\dfrac{1}{(\sin^3\theta + \cos^3\theta)^2} = \dfrac{8a}{27}$ となる．a の値を求めよ．

解法のポイント

三角比の相互関係と因数分解の公式を考える．
$(\sin\theta - \cos\theta)^2 = 1 - 2\sin\theta\cos\theta$
$\sin^3\theta + \cos^3\theta = (\sin\theta + \cos\theta)(1 - \sin\theta\cos\theta)$

重要

❶ $\tan\theta = \dfrac{\sin\theta}{\cos\theta}$

❷ $\sin^2\theta + \cos^2\theta = 1$

❸ $\tan^2\theta + 1 = \dfrac{1}{\cos^2\theta}$

❹ $1 + \dfrac{1}{\tan^2\theta} = \dfrac{1}{\sin^2\theta}$

解 答

$\sin\theta - \cos\theta = \dfrac{\sqrt{2}}{2} = \dfrac{1}{\sqrt{2}}$ の両辺を 2 乗する

$\iff 1 - 2\sin\theta\cos\theta = \dfrac{1}{2}$

$\iff \boxed{\sin\theta\cos\theta = \dfrac{1}{4}} \cdots ①$

与式の左辺の分母に着目すると

$(\sin^3\theta + \cos^3\theta)^2 = \{(\sin\theta + \cos\theta)(1 - \sin\theta\cos\theta)\}^2$

$\qquad = (1 + 2\boxed{\sin\theta\cos\theta})(1 - \boxed{\sin\theta\cos\theta})^2$

$\qquad = \left(1 + 2 \times \boxed{\dfrac{1}{4}}\right)\left(1 - \boxed{\dfrac{1}{4}}\right)^2 = \dfrac{3}{2} \times \dfrac{3^2}{4^2}$

$\qquad = \dfrac{3^3}{2^5} \cdots ②$

①②を与式に代入すると

与式 $= \dfrac{1}{(\sin^3\theta + \cos^3\theta)^2} = \dfrac{8a}{27} \iff \dfrac{2^5}{3^3} = \dfrac{2^3 a}{3^3} \iff \boldsymbol{a = 4}$

問題 9 　正弦定理・余弦定理

円に内接する四角形 ABCD において，AB＝4，BC＝5，CD＝7，DA＝10 であるとき，AC＝$\sqrt{\boxed{\text{アイ}}}$ である．また，四角形 ABCD の面積は $\boxed{\text{ウエ}}$ である．

解法のポイント

円の内接四角形の面積の公式から考える．

円の内接四角形 ABCD の辺 AB，BC，CD，DA をそれぞれ

a，b，c，d とし，$s=\dfrac{a+b+c+d}{2}$ としたとき，

円の内接四角形 ABCD の面積
$$S=\sqrt{(s-a)(s-b)(s-c)(s-d)}$$

解 答

角 B を θ ($0°<\theta<180°$) とすると内接四角形の定理より

角 D は $180°-\theta$ となる．三角形 ABC において，

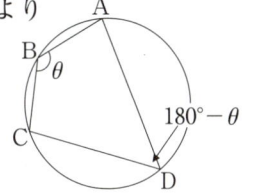

$$AC^2=4^2+5^2-2\cdot 4\cdot 5\cdot\cos\theta \cdots ①$$

三角形 ADC において，$AC^2=7^2+10^2-2\cdot 7\cdot 10\cdot\cos(180°-\theta)\cdots ②$

①＝②より，$\dfrac{4^2+5^2-AC^2}{2\cdot 4\cdot 5}=\dfrac{AC^2-7^2-10^2}{2\cdot 7\cdot 10} \iff AC=\sqrt{\underset{アイ}{\mathbf{65}}}$ （AC>0）

内接四角形 ABCD の面積 S とすると，$s=\dfrac{4+5+7+10}{2}=13$

$$S=\sqrt{(13-4)(13-5)(13-7)(13-10)}=\sqrt{9\cdot 8\cdot 6\cdot 3}=\underset{ウエ}{\mathbf{36}}$$

問題 10 図形の計量

底面が1辺の長さ6の正方形で，高さ4の正四角錐のすべての面に内接する球の体積を V とする．$\dfrac{2V}{\pi}$ の値を求めよ．

解法のポイント

内接球と正四角錐の接点を通る平面で切り取られる断面の三角形とそれに内接する円から考える．

重要

❶ 正四面体の体積　$V = \dfrac{\sqrt{2}}{12} a^3$（1辺の長さ a の場合）

❷ 四面体の体積　$V = \dfrac{|(\overrightarrow{OA} \times \overrightarrow{OB}) \cdot \overrightarrow{OC}|}{6}$

❸ 球の体積　$V = \dfrac{4}{3} \pi r^3$

❹ 球の表面積　$S = 4\pi r^2$

解答

内接する球の半径を r とすると，断面は下図の三角形と半径 r の内接円となる．

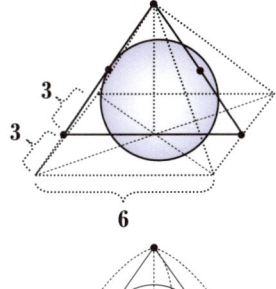

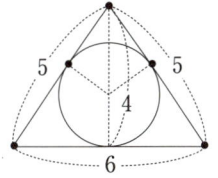

断面の三角形の面積は $S=\dfrac{5+5+6}{2}\times r = \boxed{\dfrac{6\times 4}{2}}$

> 三角形 ABC に内接する円の半径 r とすると三角形の面積は $S=\dfrac{a+b+c}{2}r$

> 底辺 6，高さ 4 の三角形の面積

よって，内接する円の半径（内接する球の半径）は $2r=3 \iff r=\dfrac{3}{2}$

半径 r の球の体積 $V=\dfrac{4\pi r^3}{3}$ だから，

$$\dfrac{2V}{\pi}=\dfrac{2}{\pi}\cdot\dfrac{4\pi}{3}r^3=\dfrac{(2r)^3}{3}=\dfrac{3^3}{3}=9$$

問題 11　三角比の平面図形への応用

∠ABC＝∠ACB＝α であるような二等辺三角形ABCを考える．この三角形の外接円の半径を R，内接円の半径を r としたとき，$\dfrac{r}{R}=$ ① 　であり，この値は $\alpha=$ ② のとき最大値 ③ をとる．

解法のポイント

三角形の外心 O と内心 I から考える．

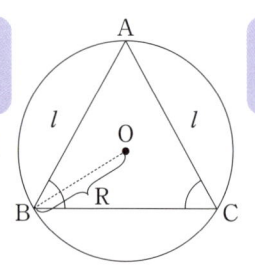

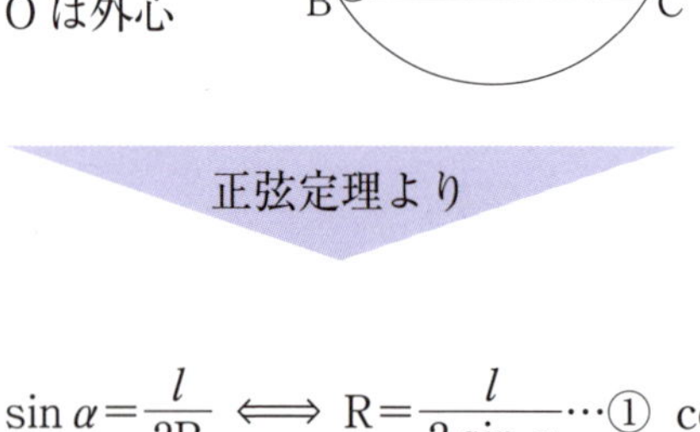

三角形の外心から考える！
外接円半径 R
O は外心

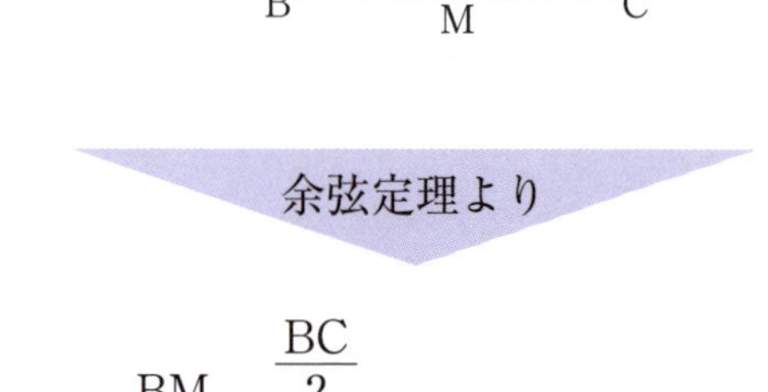

三角形の内心から考える！

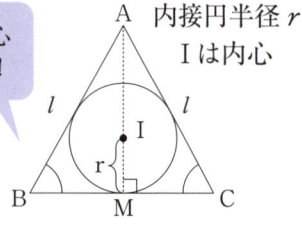

内接円半径 r
I は内心

正弦定理より

$$\sin\alpha = \dfrac{l}{2R} \iff R = \dfrac{l}{2\sin\alpha} \cdots ①$$

余弦定理より

$$\cos\alpha = \dfrac{BM}{l} = \dfrac{\dfrac{BC}{2}}{l} \iff BC = 2l\cos\alpha$$

解答

三角形の面積

$$S = \frac{1}{2} \cdot l \cdot l \cdot \sin(180° - 2\alpha)$$

$$= \frac{l^2}{2} \sin 2\alpha = \frac{l^2}{2} \cdot 2 \sin \alpha \cos \alpha$$

$$\iff S = l^2 \sin \alpha \cos \alpha \cdots ②$$

三角形の面積

$$S = \frac{l + l + 2l \cos \alpha}{2} \cdot r$$

$$\iff S = l(1 + \cos \alpha) r \cdots ③$$

$S = \sqrt{s(s-a)(s-b)(s-c)}$
ただし，$s = \dfrac{a+b+c}{2}$

面積は一致しているから②=③．

$$l^2 \sin \alpha \cos \alpha = l(1 + \cos \alpha) r \iff r = \frac{l \sin \alpha \cos \alpha}{1 + \cos \alpha} \cdots ④$$

④÷①から

$$\frac{r}{R} = \frac{\dfrac{l \sin \alpha \cos \alpha}{1 + \cos \alpha}}{\dfrac{l}{2 \sin \alpha}} = \frac{2 \sin^2 \alpha \cos \alpha}{1 + \cos \alpha} = \frac{2(1 - \cos^2 \alpha) \cos \alpha}{1 + \cos \alpha}$$

$$= \boldsymbol{-2 \cos^2 \alpha + 2 \cos \alpha} = -2\left(\cos \alpha - \frac{1}{2}\right)^2 + \frac{1}{2}$$

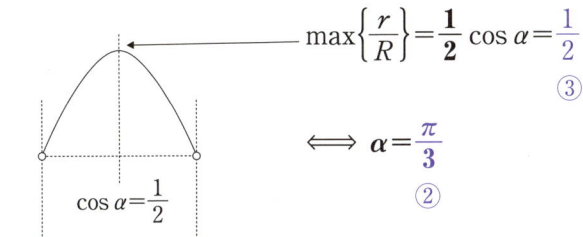

①

$\cos \alpha = 0$　　$\cos \alpha = \dfrac{1}{2}$　　$\cos \alpha = 1$

$$\max\left\{\frac{r}{R}\right\} = \frac{\boldsymbol{1}}{\boldsymbol{2}} \cos \alpha = \frac{1}{2}$$

③

$$\iff \boldsymbol{\alpha = \frac{\pi}{3}}$$

②

問題 12　平面図形の計量

$\angle A$ が直角，辺 BC の長さが 1 の直角二等辺三角形 ABC がある．BC 上に，頂点と異なる 2 点 P，Q を $\angle BAP = \angle PAQ = \angle QAC$ をみたすようにとると，PQ の長さの値は　ア　である．

解法のポイント

正弦定理と加法定理で考える．

重要

❶ 正弦定理

$$\sin A = \frac{a}{2R}, \ \sin B = \frac{b}{2R}, \ \sin C = \frac{c}{2R}$$

（R は三角形 ABC の外接円半径）

❷ 余弦定理

$$\cos A = \frac{b^2+c^2-a^2}{2bc}, \ \cos B = \frac{c^2+a^2-b^2}{2ca}, \ \cos C = \frac{a^2+b^2-c^2}{2ab}$$

解 答

右図において，△ABP≡△ACP より BP=CQ

よって，**PQ=1−2BP** …①

三角形 ABP において，正弦定理より

$$\frac{BP}{\sin 30°}=\frac{\frac{1}{\sqrt{2}}}{\sin 105°} \iff BP=\frac{1}{2\sqrt{2}\,\sin 105°}\cdots②$$

> 正弦定理で攻める！

ここで，$\sin 105°=\sin(60°+45°)$

> 加法定理で攻める！

$$=\sin 60°\cos 45°+\cos 60°\sin 45°$$

$$=\frac{\sqrt{3}}{2}\cdot\frac{\sqrt{2}}{2}+\frac{1}{2}\cdot\frac{\sqrt{2}}{2}=\frac{\sqrt{6}+\sqrt{2}}{4}$$

②に代入すると

$$BP=\frac{1}{2\sqrt{2}\cdot\frac{\sqrt{6}+\sqrt{2}}{4}}=\frac{1}{2\sqrt{2}\cdot\frac{\sqrt{2}(\sqrt{3}+1)}{4}}=\frac{1}{\sqrt{3}+1}\cdot\frac{\sqrt{3}-1}{\sqrt{3}-1}$$

$$=\frac{\sqrt{3}-1}{2}\cdots③$$

③を①に代入すると，$PQ=1-2BP=1-2\dfrac{\sqrt{3}-1}{2}=\overset{ア}{\mathbf{2-\sqrt{3}}}$

問題 13 三角比の平面図形への応用

1辺の長さが $(\sqrt{5}-1)$ である正五角形の対角線1本の長さを整数で答えよ．

解法のポイント

正 n 角形が円に内接する性質から考える．

① 正 n 角形の内角の和は $180° \times (n-2)$

② 正 n 角形の1内角の大きさは $\dfrac{180° \times (n-2)}{n}$

解 答

右図のように正五角形は円に内接するから，

　　正五角形の内角の和は $180° \times 3 = 540°$

　　正五角形の1内角の大きさ $\dfrac{540°}{5} = 108°$

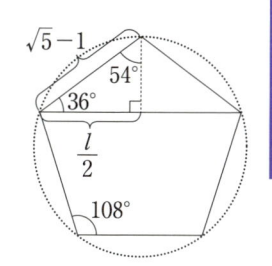

正五角形の隣り合う2辺と対角線が作る二等辺三角形の内角は 108° と底角は 36° となる．

対角線の長さを l とすると $\sin 54° = \dfrac{\frac{l}{2}}{\sqrt{5}-1} \iff l = 2(\sqrt{5}-1)\sin 54°$ …①

ここで，$\sin 45° < \sin 54° < \sin 60° \iff \dfrac{\sqrt{2}}{2} < \sin 54° < \dfrac{\sqrt{3}}{2}$ …②

②の辺々に $2(\sqrt{5}-1)$ をかけると

$\dfrac{\sqrt{2}}{2} \times 2(\sqrt{5}-1) = 1.7480\cdots$

$\dfrac{\sqrt{3}}{2} \times 2(\sqrt{5}-1) = 2.140\cdots$

$\dfrac{\sqrt{2}}{2} \times 2(\sqrt{5}-1) < 2(\sqrt{5}-1)\sin 54° < \dfrac{\sqrt{3}}{2} \times 2(\sqrt{5}-1)$

$\iff 1.7480\cdots < 2(\sqrt{5}-1)\sin 54° < 2.140\cdots$

よって，対角線1本の長さ l は整数だから $l = 2$

問題 14　整数問題

不等式 $\sqrt{n+1}-\sqrt{n} > \dfrac{1}{100}$ を満たす正の整数 n の最大値は $\boxed{アイウエ}$ である．

解法のポイント

分子の有理化と整数問題の処理で考える．

重要

$\dfrac{1}{x}+\dfrac{1}{y}+\dfrac{1}{z}=k$（$x$, y, z, k は自然数），$1 \leqq x \leqq y \leqq z$ のとき，

$1 \geqq \dfrac{1}{x} \geqq \dfrac{1}{y} \geqq \dfrac{1}{z} \iff \dfrac{1}{z}+\dfrac{1}{z}+\dfrac{1}{z} \leqq \dfrac{1}{x}+\dfrac{1}{y}+\dfrac{1}{z} \leqq \dfrac{1}{x}+\dfrac{1}{x}+\dfrac{1}{x}$

$\iff \dfrac{3}{z} \leqq \dfrac{1}{x}+\dfrac{1}{y}+\dfrac{1}{z} \leqq \dfrac{3}{x} \iff \dfrac{3}{z} \leqq \dfrac{1}{k} \leqq \dfrac{3}{x} \iff x \leqq 3k,\ z \geqq 3k$

解 答

$$\sqrt{n+1} - \sqrt{n} \cdot \frac{\sqrt{n+1}+\sqrt{n}}{\sqrt{n+1}+\sqrt{n}} > \frac{1}{100}$$

$$\iff \frac{1}{\sqrt{n+1}+\sqrt{n}} > \frac{1}{100}$$

$\sqrt{n+1}+\sqrt{n} > 0$ より，両辺に $100(\sqrt{n+1}+\sqrt{n})$ をかけると

$\sqrt{n+1}+\sqrt{n} < 100 \cdots(*)$　ここで，$\sqrt{n+1} > \sqrt{n}$ だから

$$\sqrt{n}+\sqrt{n} < \sqrt{n+1}+\sqrt{n} < \sqrt{n+1}+\sqrt{n+1}$$

$\iff 2\sqrt{n} < \sqrt{n+1}+\sqrt{n} < 2\sqrt{n+1} \iff \boxed{2\sqrt{n} < 100} < 2\sqrt{n+1}$

$2\sqrt{n} < 100 \iff \boxed{n < 2500}$

$n=2500$ のとき，$\sqrt{2501}+\sqrt{2500} > 50+50 = 100$

$n=2499$ のとき，$\sqrt{2499}+\sqrt{2500} < 50+50 = 100$

であり，$(*)$ の左辺は単調増加だから正の整数 n の最大値は

$n = \mathbf{2499} = \boxed{アイウエ}$

問題 15　2次方程式

a を定数とする．2つの放物線 $y=x^2+x+2$, $y=-x^2+ax$ が第2象限において2つの異なる点で交わるとき，a の範囲は

$a <$ [アイ] である．

解法のポイント

$$x^2+x+2=-x^2+ax \iff y=f(x)=2x^2-(a-1)x+2=0$$

"2次関数 $y=f(x)$ が x 軸の負の箇所で異なる2点で交わる" と考える．

重要

2次方程式の解の符号

実数係数の2次方程式 $ax^2+bx+c=0$ $(a \neq 0)$ の解を α, β とすると

❶ 2解ともに正 $\iff$ 判別式 $D \geq 0$, $\alpha+\beta>0$, $\alpha\beta>0$

$\qquad\qquad\qquad (b^2-4ac \geq 0,\ ab<0,\ ac>0)$

❷ 2解ともに負 $\iff$ 判別式 $D \geq 0$, $\alpha+\beta<0$, $\alpha\beta>0$

$\qquad\qquad\qquad (b^2-4ac \geq 0,\ ab>0,\ ac>0)$

❸ 正負の2解 $\iff$ $\alpha\beta<0$ $(ac<0)$

解答

上図のように $y=f(x)=2x^2-(a-1)x+2=0$ とすると,

2次関数 $y=f(x)$ が x 軸の負の箇所で異なる2点で交わると考える.

❶軸の位置 $\dfrac{a-1}{4}<0 \iff a<1$

❷頂点の y 座標 $-2\left(\dfrac{a-1}{4}\right)^2+2<0 \iff a<-3,\ a>5$

❸端点(境界) $f(0)>2$ は明らか

❶, ❷, 及び❸を同時に満たす範囲は, $\boldsymbol{a<-3}$

別解

$2x^2-(a-1)x+2=0$ が2つの異なる負の解

$\alpha,\ \beta\ (\alpha<\beta<0)$ をもつと考えると,

判別式 $D=(a-1)^2-4\cdot 2\cdot 2>0 \iff a<-3,\ a>5 \cdots$ ①

$\alpha+\beta=a-1<0 \iff a<1 \cdots$ ②

$\alpha\beta=2>0$ は明らか.

（解と係数の関係）

①, ②を同時に満たす範囲は, $\boldsymbol{a<-3}$

問題 16　2次方程式

次の問に答えよ．

2つの実数 x_1, x_2（ただし，$x_1 \geqq x_2$）を $x_1 + x_2$ と $x_1 x_2$ を用いて表すと $x_1 =$ 　ア　, $x_2 =$ 　イ　である．

解法のポイント

❶ 2次方程式の解と係数の関係

2次方程式 $ax^2 + bx + c = 0 \,(a \neq 0)$ の2つの解 α, β とすると

$$\alpha + \beta = -\frac{b}{a}, \ \alpha\beta = \frac{c}{a}$$

❷ 2次方程式の解の公式

$ax^2 + bx + c = 0$（a，b，c は実数，$a \neq 0$）の解

$$x = \frac{-b \pm \sqrt{b^2 - 4ac}}{2a}$$

解 答

2 つの実数解 x_1, x_2 にもつ 2 次方程式

$$t^2-(x_1+x_2)t+x_1x_2=0$$

である．解の公式から x_1+x_2 と x_1x_2 を用いて表すと

$$t=\frac{(x_1+x_2)\pm\sqrt{(x_1+x_2)^2-4x_1x_2}}{2}$$

$x_1 \geqq x_2$ より

$$\boxed{\text{ア}}=\frac{(x_1+x_2)+\sqrt{(x_1+x_2)^2-4x_1x_2}}{2}$$

$$\boxed{\text{イ}}=\frac{(x_1+x_2)-\sqrt{(x_1+x_2)^2-4x_1x_2}}{2}$$

問題 17 高次方程式

a, b を実数とする方程式 $x^3+ax^2+bx-5=0$ が，i を虚数単位として，$x=1-2i$ を解にもつとき，$a=\boxed{\text{アイ}}$，$b=\boxed{\text{ウ}}$ であり，他の解は $x=\boxed{\text{エ}}$，$x=\boxed{\text{オ}}+\boxed{\text{カ}}i$ である．

解法のポイント

実数係数の 3 次方程式は共役複素数解で考える．

重要

高次方程式の解法

❶ 因数定理を利用して因数分解

$ax^3+bx^2+cx+d=0$ （a, b, c, d は整数，$a \neq 0$, $b \neq 0$）が有理数解 $\dfrac{p}{q}$

（p と q は互いに素な整数）をもつとき

(i) p は d の約数（分子は，定数項の約数）

(ii) q は a の約数（分母は，最高次の項の係数の約数）

❷ 置き換えによって，次数を下げる．

解 答

実数係数の3次方程式 $x^3+ax^2+bx-5=0$ …① の

1つの解が $x=1-2i$ だから，

他の解の1つは共役複素数 $x=\mathbf{1+2i}=\boxed{\text{オ}}+\boxed{\text{カ}}i$

もう一つの解を $x=\alpha$ とする．ただし，α は定数．

3次方程式は $\{x-(1-2i)\}\{x-(1+2i)\}(x-\alpha)=0$

$\iff (x^2-2x+5)(x-\alpha)=0$ …② と表される．

ここで，①と②の定数項を比較すると $-5=-5\alpha \iff \alpha=\mathbf{1}=\boxed{\text{エ}}$

よって，①＝②から $x^3+ax^2+bx-5=(x^2-2x+5)(x-1)=0$

$\iff x^3+ax^2+bx-5=x^3-3x^2+7x-5 \iff \begin{cases} a=\mathbf{-3}=\boxed{\text{アイ}} \\ b=\mathbf{7}=\boxed{\text{ウ}} \end{cases}$

41

問題 18 高次方程式

4次方程式 $2x^4+7x^3+4x^2+7x+2=0$ の実数解のうち最大のものは $\boxed{\text{ア}}$ である.

解法のポイント

$x \neq 0$ より,方程式の両辺を x^2 で割ってから考える.

解答

$x=0$ のとき, 左辺$=2$, 右辺$=0$ より等号不成立.

$x\neq 0$ より, 方程式の両辺を x^2 で割ると

$$2x^2+7x+4+\frac{7}{x}+\frac{2}{x^2}=0 \iff 2\left(x^2+\frac{1}{x^2}\right)+7\left(x+\frac{1}{x}\right)+4=0$$

$$\iff 2\left\{\left(x+\frac{1}{x}\right)^2-2\right\}+7\left(x+\frac{1}{x}\right)+4=0 \iff 2\left(x+\frac{1}{x}\right)^2+7\left(x+\frac{1}{x}\right)=0$$

$$\iff x+\frac{1}{x}=0, \ x+\frac{1}{x}=-\frac{7}{2}$$

(i) $x+\dfrac{1}{x}=0$, $x\neq 0$ より

$x^2+1=0$ となり実数解をもたないから不適.

(ii) $x+\dfrac{1}{x}=-\dfrac{7}{2}$, $x\neq 0$ より

$$2x^2+7x+2=0 \iff x=\frac{-7\pm\sqrt{33}}{4}$$

以上より, 実数解のうち最大のものだから

$$\boldsymbol{x}=\frac{-7+\sqrt{33}}{4}$$
　　　ア

問題 19 高次方程式

実数を係数とする方程式 $x^4+x^3+ax^2+bx+c=0$ が $x=-2$ および $x=2+\sqrt{3}i$ を解として持つとき，$a=$ ① ，$b=$ ② ，$c=$ ③ であり，残る2つの解は $x=$ ④ と $x=$ ⑤ である．

解法のポイント

高次方程式の解から共役複素数で考える．

重 要

3次方程式の解と係数の関係

$ax^3+bx^2+cx+d=0\ (a\neq 0)$ の3つの解を $\alpha,\ \beta,\ \gamma$ とすると

$$\alpha+\beta+\gamma=-\frac{b}{a},\ \ \alpha\beta+\beta\gamma+\gamma\alpha=\frac{c}{a},\ \ \alpha\beta\gamma=-\frac{d}{a}$$

解 答

$x^4+x^3+ax^2+bx+c=0$ …(A)の 4 つの解

$\iff x=-2,\ x=2+\sqrt{3}i,\ x=2-\sqrt{3}i\ (2+\sqrt{3}i\ $の共役複素数$)$

その他の解を $x=\alpha$ (実数) とする.

$\iff x=-2,\ \boxed{x=2\pm\sqrt{3}i,}\ x=\alpha$ (実数)

$\iff (x+2)(x-\alpha)=0,\ \boxed{(x-2)^2=(\pm\sqrt{3}i)^2}$

$\iff (x+2)(x-\alpha)=0,\ \boxed{x^2-4x+7=0}$

$\iff (x+2)(x^2-4x+7)(x-\alpha)=0$

$\iff x^4-(\alpha+2)x^3+(2\alpha-1)x^2+(\alpha+14)x-14\alpha=0$ …(B)

> 複素数解から逆計算をして方程式を導き出す

よって,(A)と(B)の係数比較をすると

$\begin{cases} 1=-\alpha-2 & \boldsymbol{\alpha=-3} \quad ① \\ a=2\alpha-1 & \boldsymbol{a=-7} \quad ② \\ b=\alpha+14 & \boldsymbol{b=11} \quad ③ \\ c=-14\alpha & \boldsymbol{c=42} \quad ④ \end{cases}$

問題 20 相加平均・相乗平均

正の数 x, y, z について $2x+y+4z=1$ の関係があるとき，積 xyz の最大値は $\boxed{\text{ア}}$ である．

解法のポイント

相加平均・相乗平均

$a_1 \geqq 0$, $a_2 \geqq 0$, $\cdots$, $a_n \geqq 0$ のとき，

$$\frac{a_1+a_2+\cdots+a_n}{n} \geqq \sqrt[n]{a_1 a_2 \cdots a_n}$$

（等号成立は $a_1 = a_2 = \cdots = a_n$ のとき）

解答

$2x > 0$, $y > 0$, $4z > 0$ より,

$$\frac{2x+y+4z}{3} \geqq \sqrt[3]{2x \cdot y \cdot 4z} = 2\sqrt[3]{xyz}$$

> 3項がすべて正であることをチェック!

(等号成立 $2x = y = 4z$)

$2x + y + 4z = 1$ より

$$\frac{1}{3} \geqq 2\sqrt[3]{xyz} \iff \frac{1}{6} \geqq \sqrt[3]{xyz}$$

ここで,両辺ともに正の数だから,3乗すると

$$\frac{1}{216} \geqq xyz$$

よって, $\max\{xyz\} = \underset{\mathcal{T}}{\boldsymbol{\dfrac{1}{216}}}$ ($2x = y = 4z$ のとき)

問題 21　直線

p, q, r は正の実数で，$p<q$ とする．y 軸と 2 直線 $y=\dfrac{p}{q}x+\dfrac{p}{r}$，$y=-\dfrac{p}{q}x+\dfrac{q}{r}$ で囲まれる三角形 ABC を考える．ただし，点 A，B は各直線と y 軸との交点，点 C は 2 直線の交点とする．辺 AB の長さが 1 で，三角形 ABC の面積が 5 のとき，$\dfrac{p}{q}=\dfrac{\boxed{ア}}{\boxed{イウ}}$ である．

解法のポイント

グラフを描いて，幾何学的に考える．

重要

直線の方程式

❶ 点 (x_1, y_1) を通り傾き m の直線方程式

$y-y_1=m(x-x_1)$

❷ 2 点 (x_1, y_1)，(x_2, y_2) を通る直線方程式

$x_1 \neq x_2$ のとき　$y-y_1=\dfrac{y_2-y_1}{x_2-x_1}(x-x_1)$

$x_1=x_2$ のとき　$x-x_1=0$

解答

各直線の y 切片より，$AB = \dfrac{q}{r} - \dfrac{p}{r} = 1$

2直線の交点Cの x 座標は $\dfrac{p}{q}x + \dfrac{p}{r} = -\dfrac{p}{q}x + \dfrac{q}{r}$

$\iff \dfrac{2p}{q}x = \dfrac{q}{r} - \dfrac{p}{r} = 1$

$\iff x = \dfrac{q}{2p} > 0$

これは底辺を AB とする三角形 ABC の高さと考えられる．

　三角形 ABC の面積

$\dfrac{1}{2} \times 1 \times \dfrac{q}{2p} = 5$ 　ア

$\iff \dfrac{p}{q} = \dfrac{\mathbf{1}}{\mathbf{20}}$ 　イウ

問題 22 点と直線

点 $(2, 4)$ から円 $x^2+y^2=4$ に引いた接線の方程式は ア である．

解法のポイント

点と直線の距離の公式を考える．

点 $P(x_1, y_1)$ から直線 $L: ax+by+c=0$ に下ろした垂線の足を H とすると

$$HP = \frac{|ax_1+by_1+c|}{\sqrt{a^2+b^2}}$$

解 答

点 $(2, 4)$ を通る直線方程式で接線 $\boldsymbol{x=2}$ は図より明らか.

また,点 $(2, 4)$ を通り,傾き m の直線 $y-4=m(x-2)$

$\iff mx-y+4-2m=0$ (m は定数) と表される.

この直線が,中心が O,半径 2 の円と接する

$\iff$ 原点 O と直線 $mx-y+4-2m=0$ の距離が 2

$\iff d = \dfrac{|m\cdot 0-0+4-2m|}{\sqrt{m^2+(-1)^2}}=2$

$\iff 2=\dfrac{2|m-2|}{\sqrt{m^2+1}} \iff \sqrt{m^2+1}=|m-2|>0$

ここで,両辺を 2 乗して

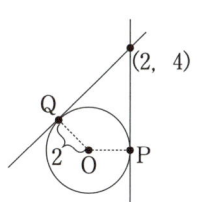

$m^2+1=(m-2)^2 \iff m=\dfrac{3}{4}$ よって,$\boldsymbol{y-4=\dfrac{3}{4}(x-2)}$

問題 23 円と直線

2つの円 $x^2+y^2=1$ と $(x-3)^2+(y-4)^2=r$ が2点で交わるために r が満たすべき条件は ① であり，2つの交点を通る直線の式は $y=$ ② となる．

解法のポイント

2円の中心間距離と半径の関係を考える．

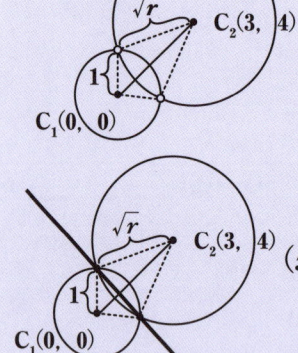

2つの円が2点で交わるための条件
$$|\sqrt{r}-1|<C_1C_2<\sqrt{r}+1$$

2つの円の交点を通る曲線（または直線）方程式
$$(x-3)^2+(y-4)^2-r+k(x^2+y^2-1)=0$$

ただし，$k=-1$ のとき直線，$k\neq-1$ のとき曲線

解答

2つの円が2点で交わるための条件 $|\sqrt{r}-1|<5<\sqrt{r}+1$

$|\sqrt{r}-1|<5 \iff -5<\sqrt{r}-1<5 \iff -4<\sqrt{r}<6 \implies \mathbf{0<r<36}$

$5<\sqrt{r}+1 \iff 4<\sqrt{r} \iff \mathbf{16<r}$

よって，$\mathbf{16<r<36}$ …①

2つの円の交点を通る曲線（または直線）方程式

$(x-3)^2+(y-4)^2-r+k(x^2+y^2-1)=0$

ここで直線だから，$k=-1$

$(x-3)^2+(y-4)^2-r-(x^2+y^2-1)=0$

$\iff x^2+y^2-6x-8y+25-r-x^2-y^2+1=0$

$\iff -6x-8y-r+26=0$

$\iff \mathbf{y=-\dfrac{3}{4}x-\dfrac{r}{8}+\dfrac{13}{4}}$ …②

問題 24 円と直線

$a > -5$ とし，xy 平面上の 2 つの円

$$O_1 : x^2 + y^2 = 1 \qquad O_2 : x^2 + 2x + y^2 - 4y - a = 0$$

を考える．この 2 つの円が 2 点で交わるような a の範囲は $\boxed{\text{ア}}$ である．

また，このときその 2 つの交点を通る直線方程式は $y = \boxed{\text{イ}}$ である．

解法のポイント

2 つの曲線の交点を通る曲線方程式から考える．

重要

2 つの円の交点 C_1，C_1 を通る円 C（直線 l）の方程式

$C_1 : x^2 + y^2 + a_1 x + b_1 y + c_1 = 0$，$C_2 : x^2 + y^2 + a_2 x + b_2 y + c_2 = 0$ の交点を通る円（直線）の方程式

❶ $k \neq -1$，k は実数のときは円の方程式

$$C : x^2 + y^2 + a_1 x + b_1 y + c_1 + k(x^2 + y^2 + a_2 x + b_2 y + c_2) = 0$$

❷ $k = -1$，k は実数のときは直線の方程式

$$l : (a_1 - a_2)x + (b_1 - b_2)y + (c_1 - c_2) = 0$$

解 答

2つの円 O_1 と O_2 の交点を通る曲線 C（直線 l）方程式

$$x^2+2x+y^2-4y-a+k(x^2+y^2-1)=0 \cdots ①$$

ただし，k は定数．ここで①は直線より，$k=-1$ のとき

$$x^2+2x+y^2-4y-a-(x^2+y^2-1)=0$$

$$\iff 2x-4y+1-a=0$$

$$\iff y=\frac{x}{2}+\frac{1-a}{4} \cdots \boxed{\text{イ}}$$

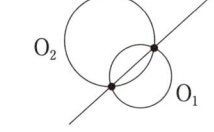

2つの円 O_1 と O_2 が2つの交点をもつ $\iff$ 点 O_1 と $\boxed{\text{イ}}$ の距離が O_1 の半径1未満

$$\frac{|2\cdot 0-4\cdot 0+1-a|}{\sqrt{2^2+(-4)^2}}<1$$

$$\iff |1-a|<2\sqrt{5}$$

$$\iff \mathbf{1-2\sqrt{5}<a<1+2\sqrt{5}} \cdots \boxed{\text{ア}}$$

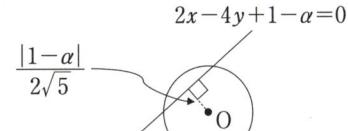

問題 25 軌跡

2本の直線 $mx-y=0$ …①, $x+my-m-2=0$ …② の交点を P とする. m が実数全体を動くとき, P の軌跡は

円 $(x-\boxed{\text{ア}})^2+\left(y-\dfrac{\boxed{\text{イ}}}{\boxed{\text{ウ}}}\right)^2=\dfrac{\boxed{\text{エ}}}{\boxed{\text{オ}}}$ から

1点 ($\boxed{\text{カ}}$, $\boxed{\text{キ}}$) を除いたもの.

解法のポイント

直線の定点通過と2直線の垂直条件で考える.

直線①: $mx - y = 0$ の定点 A(0, 0)

直線②: $x + my - m - 2 = 0 \iff (y-1)m + (x-2) = 0$ の定点 B(2, 1)

$m \cdot 1 + (-1) \cdot m = 0$ だから, 直線①⊥直線②

（2直線の垂直条件 円の中心）

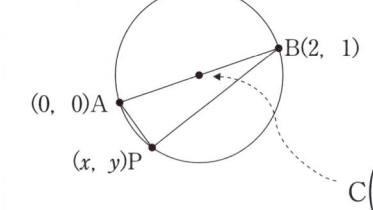

点 P は, 直径 AB とする円を描く

円の中心 $C\left(1, \dfrac{1}{2}\right)$, 半径 $\dfrac{\sqrt{1^2+2^2}}{2} = \dfrac{\sqrt{5}}{2}$

$C\left(\dfrac{0+2}{2}, \dfrac{0+1}{2}\right)$ （円の中心）

(0, 0) のとき, 直線①, ②の条件を満たす.

(0, 1) $\iff$ $x=0, y=1$ のとき, ①について $m \cdot 0 - 1 \neq 0$

②について $0 + m \cdot 1 - m - 2 \neq 0 \iff$ 等号不成立

解 答

よって，(0, 1) を除く．(2, 0)，(2, 1) のとき，直線①，②の条件を満たす．

円 $(x-1)^2 + \left(y - \dfrac{1}{2}\right)^2 = \dfrac{5}{4}$ から 1 点 $(0, 1)$ を除いたもの．

別解 動点 $P(X, Y)$ とする．但し，xy 平面上の点．

$mX - Y = 0 \cdots ①$, $X + mY - m - 2 = 0 \cdots ②$

(i) ①において $X = 0$ のとき，$Y = 0$．

よって，点 $P(X, Y) = (0, 0)$

(ii) ①において $X \neq 0$ のとき，$m = \dfrac{Y}{X}$ となるので，②に代入すると

$X + \dfrac{Y}{X} \cdot Y - \dfrac{Y}{X} - 2 = 0 \iff X^2 + Y^2 - 2X - Y = 0$

ただし，$(0, 0)$, $(0, 1)$ を除く．

(i), (ii) ともに，逆に計算をたどると条件を満たすから，

円 $x^2 + y^2 - 2x - y = 0 \iff (x-1)^2 + \left(y - \dfrac{1}{2}\right)^2 = \dfrac{5}{4}$

ただし，$(0, 1)$ を除く．

問題 26 不等式と領域

$x^2+y^2=4$ であるとき，$\sqrt{3}x+y$ の値は $x=$ ① のとき 0 となり，$x=$ ② のとき最大値 ③ ，$x=$ ④ のとき最小値 ⑤ をとる．

解法のポイント

$x^2+y^2=4$ において，$x=2\cos\theta$，$y=2\sin\theta$ とすると $\cos^2\theta+\sin^2\theta=1$ となることから考える．

重要

楕円の媒介変数表示

$$\frac{x^2}{a^2}+\frac{y^2}{b^2}=1 \ (a>b>0) \iff \begin{cases} x=a\cos t \\ y=b\sin t \end{cases} (0\leq t<2\pi)$$

ただし，t を媒介変数（パラメータ）とする．

三角関数の合成

$$a\sin\theta+b\cos\theta=\sqrt{a^2+b^2}\sin(\theta+\alpha)$$

ただし，$\sin\alpha=\dfrac{b}{\sqrt{a^2+b^2}}$，$\cos\alpha=\dfrac{a}{\sqrt{a^2+b^2}}$

解答

$$\sqrt{3}\,x+y=2\sqrt{3}\cos\theta+2\sin\theta=2(\sqrt{3}\cos\theta+\sin\theta)$$

$$=4\left(\cos\theta\cdot\frac{\sqrt{3}}{2}+\sin\theta\cdot\frac{1}{2}\right)=4\cos\left(\theta-\frac{\pi}{6}\right)$$

> θ は不定であることに注意しよう！

解答①について，$\cos\left(\theta-\dfrac{\pi}{6}\right)=0$

$\iff \theta-\dfrac{\pi}{6}=\dfrac{\pi}{2}+\pi k$（$k$ は整数）

$\iff \theta=\dfrac{2\pi}{3}+\pi k$（$k$ は整数）$\iff x=2\cos\left(\dfrac{2\pi}{3}+\pi k\right)=\pm\mathbf{1}\cdots$①

解答②③について，$\cos\left(\theta-\dfrac{\pi}{6}\right)=1 \iff \theta-\dfrac{\pi}{6}=0+2\pi k$（$k$ は整数）

$\iff \theta=\dfrac{\pi}{6}+2\pi k$（$k$ は整数）

$\iff x=2\cos\left(\dfrac{\pi}{6}+2\pi k\right)=\sqrt{\mathbf{3}}\cdots$②

$\max\{\sqrt{3}\,x+y\}=4\cdot 1=\mathbf{4}\cdots$③

解答④⑤について，$\cos\left(\theta-\dfrac{\pi}{6}\right)=-1 \iff \theta-\dfrac{\pi}{6}=\pi+2\pi k$（$k$ は整数）

$\iff \theta=\dfrac{5\pi}{6}+2\pi k$（$k$ は整数）

$\iff x=2\cos\left(\dfrac{5\pi}{6}+2\pi k\right)=-\sqrt{\mathbf{3}}\cdots$④

$\min\{\sqrt{3}\,x+y\}=4\cdot(-1)=-\mathbf{4}\cdots$⑤

問題 27 加法定理

$\sin x = \dfrac{3}{5}$ $\left(0 < x < \dfrac{\pi}{2}\right)$, $\sin y = \dfrac{5}{13}$ $\left(0 < y < \dfrac{\pi}{2}\right)$ とする．このとき，

$\dfrac{\tan(x-y)}{\tan(x+y)} = \dfrac{\boxed{\text{ア}}\boxed{\text{イ}}}{\boxed{\text{ウ}}\boxed{\text{エ}}\boxed{\text{オ}}}$ である．

解法のポイント

加法定理

$$\tan(x+y) = \dfrac{\tan x + \tan y}{1 - \tan x \tan y} \quad \tan(x-y) = \dfrac{\tan x - \tan y}{1 + \tan x \tan y}$$

重要

2倍角の公式

❶ $\sin 2\theta = \sin(\theta + \theta) = 2\sin\theta\cos\theta$

❷ $\cos 2\theta = \cos(\theta + \theta) = \cos^2\theta - \sin^2\theta$

$\qquad = 2\cos^2\theta - 1$

$\qquad = 1 - 2\sin^2\theta$

❸ $\tan 2\theta = \tan(\theta + \theta) = \dfrac{2\tan\theta}{1 - \tan^2\theta}$

解答

$\sin x = \dfrac{3}{5} \left(0 < x < \dfrac{\pi}{2}\right)$ から，$\tan x = \dfrac{3}{4}$

$\sin y = \dfrac{5}{13} \left(0 < y < \dfrac{\pi}{2}\right)$ から，$\tan y = \dfrac{5}{12}$

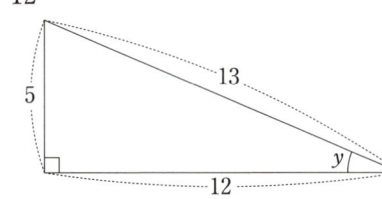

加法定理より，

$$\tan(x+y) = \dfrac{\tan x + \tan y}{1 - \tan x \tan y} = \dfrac{\dfrac{3}{4} + \dfrac{5}{12}}{1 - \dfrac{3}{4} \cdot \dfrac{5}{12}} = \dfrac{56}{33}$$

$$\tan(x-y) = \dfrac{\tan x - \tan y}{1 + \tan x \tan y} = \dfrac{\dfrac{3}{4} - \dfrac{5}{12}}{1 + \dfrac{3}{4} \cdot \dfrac{5}{12}} = \dfrac{16}{63}$$

よって，

$$\dfrac{\tan(x-y)}{\tan(x+y)} = \tan(x-y) \cdot \dfrac{1}{\tan(x+y)} = \dfrac{16}{63} \cdot \dfrac{33}{56} = \dfrac{\mathbf{22}}{\mathbf{147}} \quad \begin{matrix}\text{アイ}\\ \\ \text{ウエオ}\end{matrix}$$

問題 28 加法定理

$\cos 36°$ の値を次の手順で求めた．

$\theta = 36°$ とおくと，$5\theta = 180°$ だから $\cos(5\theta - 2\theta) = \cos(180° - 2\theta)$ が成立する。この式から，$\cos\theta$ についての 3 次方程式

$$\boxed{}\cos^3\theta + \boxed{}\cos^2\theta + \boxed{}\cos\theta - 1 = 0$$

が得られ，この方程式を解くと，$\cos\theta = \boxed{}$ となる．

解法のポイント

2 倍角，3 倍角公式で $\cos\theta$ に統一する．

重要

3 倍角公式

❶ $\sin 3\theta = \sin(2\theta + \theta) = -4\sin^3\theta + 3\sin\theta$

❷ $\cos 3\theta = \cos(2\theta + \theta) = 4\cos^3\theta - 3\cos\theta$

解答

$\cos(5\theta - 2\theta) = \cos(180° - 2\theta)$

$\iff \cos 3\theta = -\cos 2\theta$ 　　　　 3倍角公式と2倍角公式
　　ア　　イ　　ウ 　　　　　　　 $\cos 3\theta = 4\cos^3\theta - 3\cos\theta$
$\iff \mathbf{4\cos^3\theta + 2\cos^2\theta - 3\cos\theta - 1 = 0}$ 　$\cos 2\theta = 2\cos^2\theta - 1$

ここで，$P(\cos\theta) = 4\cos^3\theta + 2\cos^2\theta - 3\cos\theta - 1$ とすると，

$\cos\theta = -1$ のとき $P(\cos\theta) = 0$ となるから，

$P(\cos\theta) = (\cos\theta + 1)(4\cos^2\theta - 2\cos\theta - 1) = 0$

$\iff \cos\theta + 1 = 0$ または $4\cos^2\theta - 2\cos\theta - 1 = 0$

$\iff \cos\theta = -1$ または $\cos\theta = \dfrac{1 \pm \sqrt{5}}{4}$

$\theta = 36°$ より，$30° < \theta < 45°$

$\iff 0.866\cdots = \dfrac{\sqrt{3}}{2} > \cos\theta > \dfrac{\sqrt{2}}{2} = 0.707\cdots$

よって，$\cos\theta = \dfrac{\mathbf{1 + \sqrt{5}}}{\mathbf{4}}$
　　　　　　　　エ

問題 29 加法定理

次の式 $\sin\theta\cos\theta\cos 2\theta\cos 4\theta\cos 8\theta\cos 16\theta\cos 32\theta$ は sin を使った最も簡単な式で表すと ア となるので，

$\cos 20°\cos 40°\cos 80°\cos 160°\cos 320°\cos 640°$

の値は イ であることがわかる．

解法のポイント

2 倍角の公式と補角を利用する．

$\underline{\sin\theta\cos\theta}\cos 2\theta\cos 4\theta\cos 8\theta\cos 16\theta\cos 32\theta$

$=\dfrac{1}{2}\underline{\sin 2\theta\cos 2\theta}\cos 4\theta\cos 8\theta\cos 16\theta\cos 32\theta$

$=\left(\dfrac{1}{2}\right)^2\underline{\sin 4\theta\cos 4\theta}\cos 8\theta\cos 16\theta\cos 32\theta$

$=\left(\dfrac{1}{2}\right)^3\underline{\sin 8\theta\cos 8\theta}\cos 16\theta\cos 32\theta$

> 2 倍角の公式の利用
> $\sin x\cos x=\dfrac{1}{2}\sin 2x$

解答

$$= \left(\frac{1}{2}\right)^4 \overline{\sin 16\theta \cos 16\theta} \cos 32\theta$$

$$= \left(\frac{1}{2}\right)^5 \overline{\sin 32\theta \cos 32\theta}$$

$$= \left(\frac{1}{2}\right)^6 \sin 64\theta$$

$$= \frac{\sin 64\theta}{64} \cdots \boxed{\text{ア}}$$

ここで，$\theta = 20°$ とすると，

$\cos 20° \cos 40° \cos 80° \cos 160° \cos 320° \cos 640°$

$$= \frac{\sin 1280°}{64 \sin 20°}$$

$$= \frac{\sin(200° + 360° \times 3)}{64 \sin 20°}$$

> 一般角 $\sin(\theta + 360° \times k) = \sin\theta$
> ただし，k は整数

$$= \frac{\sin 200°}{64 \sin 20°}$$

$$= \frac{\sin(180° + 20°)}{64 \sin 20°}$$

> $\sin(180° + \theta) = -\sin\theta$

$$= \frac{-\sin 20°}{64 \sin 20°}$$

$$= \frac{-1}{64} \cdots \boxed{\text{イ}}$$

問題 30 加法定理

$-\dfrac{\pi}{2} < \theta < \dfrac{\pi}{2}$ に対して $\tan\theta = t$ とおく．このとき $\cos^2\theta$ と $\sin 2\theta$ をそれぞれ t を用いて表すと，$\cos^2\theta = \boxed{\ \ \text{ア}\ \ }$，$\sin 2\theta = \boxed{\ \ \text{イ}\ \ }$ である．

解法のポイント

2倍角の公式を利用する．

重要

$t = \tan\dfrac{\theta}{2}$ とおくと，

❶ $\sin\theta = \sin\left(\dfrac{\theta}{2} + \dfrac{\theta}{2}\right) = 2\sin\dfrac{\theta}{2}\cos\dfrac{\theta}{2} = 2\tan\dfrac{\theta}{2}\cos^2\dfrac{\theta}{2} = \dfrac{2t}{1+t^2}$

❷ $\cos\theta = \cos\left(\dfrac{\theta}{2} + \dfrac{\theta}{2}\right) = \cos^2\dfrac{\theta}{2} - \sin^2\dfrac{\theta}{2} = \dfrac{1}{1+\tan^2\dfrac{\theta}{2}} - \dfrac{\tan^2\dfrac{\theta}{2}}{1+\tan^2\dfrac{\theta}{2}}$

$= \dfrac{1-t^2}{1+t^2}$

❸ $\tan\theta = \dfrac{2t}{1-t^2}$

解 答

$\tan^2\theta + 1 = \dfrac{1}{\cos^2\theta}$ より 〈ここは相互関係式でスッキリ！〉

$\cos^2\theta = \dfrac{1}{1+\tan^2\theta} = \dfrac{1}{1+t^2}$ … ア

$\sin 2\theta = 2\sin\theta\cos\theta$

$= 2\dfrac{\sin\theta}{\cos\theta}\cdot\cos^2\theta$

$= 2\tan\theta\cos^2\theta$ 〈2倍角の公式と相互関係式でスッキリ！〉

$= \dfrac{2t}{1+t^2}$ … イ

問題 31　加法定理

角 α が $0<\alpha<\dfrac{\pi}{4}$，$\tan\left(\dfrac{\pi}{2}-\alpha\right)-\tan\alpha=1$ を満たすとき，

$\tan\alpha=\boxed{}$，$\sin 2\alpha=\boxed{}$ である．

解法のポイント

$\tan\alpha$ で揃える．

重要

補角と余角

$$\sin(-\theta)=-\sin\theta \qquad \cos(-\theta)=\cos\theta \qquad \tan(-\theta)=-\tan\theta$$

$$\sin\left(\dfrac{\pi}{2}-\theta\right)=\cos\theta \qquad \cos\left(\dfrac{\pi}{2}-\theta\right)=\sin\theta \qquad \tan\left(\dfrac{\pi}{2}-\theta\right)=\dfrac{1}{\tan\theta}$$

$$\sin(\pi-\theta)=\sin\theta \qquad \cos(\pi-\theta)=-\cos\theta \qquad \tan(\pi-\theta)=-\tan\theta$$

$$\sin\left(\dfrac{\pi}{2}+\theta\right)=\cos\theta \qquad \cos\left(\dfrac{\pi}{2}+\theta\right)=-\sin\theta \qquad \tan\left(\dfrac{\pi}{2}+\theta\right)=-\dfrac{1}{\tan\theta}$$

$$\sin(\pi+\theta)=-\sin\theta \qquad \cos(\pi+\theta)=-\cos\theta \qquad \tan(\pi+\theta)=\tan\theta$$

解答

$0 < \alpha < \dfrac{\pi}{4}$ より，$0 < \tan\alpha < 1$

$\tan\left(\dfrac{\pi}{2}-\alpha\right)-\tan\alpha=1 \iff \dfrac{1}{\tan\alpha}-\tan\alpha=1 \iff \tan^2\alpha+\tan\alpha-1=0$

よって，$\tan\alpha=\dfrac{-1+\sqrt{5}}{2}\cdots\boxed{\ \ ア\ \ }$

また，$\sin 2\alpha=2\tan\alpha\cos^2\alpha=\dfrac{2\tan\alpha}{1+\tan^2\alpha}$

ここで，$\tan^2\alpha=1-\tan\alpha$ より，

$$\sin 2\alpha=\dfrac{2\tan\alpha}{2-\tan\alpha}$$

$$=\dfrac{2\cdot\dfrac{-1+\sqrt{5}}{2}}{2-\dfrac{-1+\sqrt{5}}{2}}$$

$$=\dfrac{2(\sqrt{5}-1)}{5-\sqrt{5}}$$

$$=\dfrac{2\sqrt{5}}{5}\cdots\boxed{\ \ イ\ \ }$$

問題 32 三角関数

(i) $y=\sin x+\cos x$ のグラフは $y=\sin x$ のグラフを y 方向に $\sqrt{\boxed{ア}}$ 倍し，x 方向 $\alpha=\dfrac{\boxed{イ}}{\boxed{ウ}}\pi$ 平行移動すると得られる．

ただし，$0\leqq \alpha \leqq 2\pi$ とする．

(ii) $\sin\theta+\cos\theta=-\dfrac{\sqrt{2}}{2}$ のとき，

$\dfrac{1}{\sin\theta}+\dfrac{1}{\cos\theta}=\boxed{エ}\sqrt{\boxed{オ}}$ となる．

解法のポイント

三角関数の合成と
$\sin^2\theta+\cos^2\theta=1$ を利用する．

解 答

> 三角関数の合成

(i) $y = \sin x + \cos x = \sqrt{2}\left(\sin x \cdot \dfrac{1}{\sqrt{2}} + \cos x \cdot \dfrac{1}{\sqrt{2}}\right)$

$= \sqrt{2}\,\sin\left(x + \dfrac{\pi}{4}\right)$

$= \sqrt{2}\,\sin\left\{\left(x + \underset{\text{ア}}{\dfrac{\pi}{4}}\right) - \underset{\text{イ}}{2}\pi\right\}$

$= \sqrt{\mathbf{2}}\,\sin\left(x - \underset{\text{ウ}}{\dfrac{\mathbf{7}}{\mathbf{4}}}\pi\right)$

> 周期 2π の性質

(ii) $\sin x + \cos x = -\dfrac{\sqrt{2}}{2} = -\dfrac{1}{\sqrt{2}}$

> $\sin^2\theta + \cos^2\theta = 1$

$(\sin x + \cos x)^2 = \left(-\dfrac{1}{\sqrt{2}}\right)^2 \iff 1 + 2\sin x \cos x = \dfrac{1}{2}$

$\iff \sin x \cos x = -\dfrac{1}{4}$

$(与式) = \dfrac{1}{\sin\theta} + \dfrac{1}{\cos\theta} = \dfrac{\sin\theta + \cos\theta}{\sin\theta\cos\theta} = \dfrac{-\dfrac{\sqrt{2}}{2}}{-\dfrac{1}{4}} = \underset{\text{エ オ}}{\mathbf{2\sqrt{2}}}$

問題 33 三角関数の最大最小

関数 $f(x) = -\sin^2 x + \cos x$ の最小値は，$\dfrac{\boxed{\text{アイ}}}{\boxed{\text{ウ}}}$ である．

解法のポイント

$\cos x$ で揃えて 2 次関数として考える．

重要

❶ $\tan \theta = \dfrac{\sin \theta}{\cos \theta}$

❷ $\sin^2 \theta + \cos^2 \theta = 1$

❸ $\tan^2 \theta + 1 = \dfrac{1}{\cos^2 \theta}$

❹ $1 + \dfrac{1}{\tan^2 \theta} = \dfrac{1}{\sin^2 \theta}$

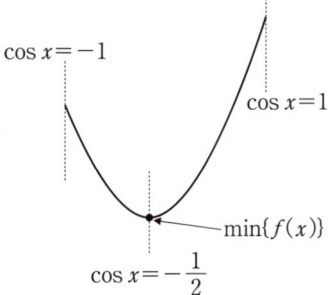

解 答

$f(x) = -\sin^2 x + \cos x$

  $= -(1-\cos^2 x) + \cos x$ [$\sin^2 x + \cos^2 x = 1$ を利用]

  $= \cos^2 x + \cos x - 1$

  $= \left(\cos x + \dfrac{1}{2}\right)^2 - \dfrac{5}{4}$

ここで，$-1 \leqq \cos x \leqq 1$ より，

$\min\{f(x)\} = \dfrac{\boldsymbol{-5}}{\boldsymbol{4}}$ (アイ)

$\left(\cos x = -\dfrac{1}{2}\right)$ (ウ)

問 題

34 指数関数

次の ☐ に当てはまる数値，または式を求めよ．

次の 4 つの数 $\sqrt{3}$, $\sqrt[3]{5}$, $\sqrt[4]{10}$, $\sqrt[6]{30}$ のなかで，最小値をとる数を m，最大値をとる数を M として $mM = 2^a 3^b 5^c$ の形で表すとき，$a+b+c$ の値は ☐ である．

解法のポイント

指数の最小公倍数で揃える．

$a^{\frac{m}{n}} = \sqrt[n]{a^m}$ （$a>0$, $b>0$, m, n は有理数）

$a>1$ のとき，$x_1 > x_2 \iff a^{x_1} > a^{x_2}$

重要

$a>0$, $b>0$, m, n は有理数

❶ $a^m a^n = a^{m+n}$　　❷ $(a^m)^n = a^{mn}$

❸ $(ab)^n = a^n b^n$　　❹ $a^0 = 1$

❺ $a^{-n} = \dfrac{1}{a^n}$　　❻ $a^{\frac{1}{n}} = \sqrt[n]{a}$

❼ $a^{\frac{m}{n}} = \sqrt[n]{a^m}$　　❽ n が奇数のとき，$\sqrt[n]{-a} = -\sqrt[n]{a}$

解答

$\sqrt{3},\ \sqrt[3]{5},\ \sqrt[4]{10},\ \sqrt[6]{30} \iff 3^{\frac{1}{2}},\ 5^{\frac{1}{3}},\ 10^{\frac{1}{4}},\ 30^{\frac{1}{6}}$

ここで，2，3，4，6 の最小公倍数は 12 より，各々 12 乗する

$(3^{\frac{1}{2}})^{12}=3^6=729,\ (5^{\frac{1}{3}})^{12}=5^4=625,$

$(10^{\frac{1}{4}})^{12}=10^3=1000,\ (30^{\frac{1}{6}})^{12}=30^2=900$ より

最小値 $\boxed{m=5^{\frac{1}{3}}}<3^{\frac{1}{2}}<30^{\frac{1}{6}}<\boxed{10^{\frac{1}{4}}=M}$ 最大値

よって，$mM=5^{\frac{1}{3}}\cdot 10^{\frac{1}{4}}=2^{\frac{1}{4}}\cdot 5^{\frac{1}{4}}\cdot 5^{\frac{1}{3}}=2^{\frac{1}{4}}\cdot 3^0 \cdot 5^{\frac{7}{12}}=2^a\cdot 3^b\cdot 5^c$

$\iff a=\dfrac{1}{4},\ b=0,\ c=\dfrac{7}{12}$

以上より，$a+b+c=\dfrac{1}{4}+0+\dfrac{7}{12}=\dfrac{10}{12}=\boldsymbol{\dfrac{5}{6}}$

問題 35　指数関数

$a=2\sqrt{2\sqrt{2\sqrt{2\sqrt{2\sqrt{2\sqrt{2\sqrt{2}}}}}}}$ のとき，$\log_8 a = \dfrac{\boxed{アイ}}{\boxed{ウエオ}}$ となる．

解法のポイント

両辺の 2 乗を 7 回繰り返して根号を外す．

重要

$a>0$, $b>0$, m, n は有理数

❶ $a^m a^n = a^{m+n}$

❷ $(a^m)^n = a^{mn}$

❸ $(ab)^n = a^n b^n$

❹ $a^0 = 1$

❺ $a^{-n} = \dfrac{1}{a^n}$

❻ $a^{\frac{1}{n}} = \sqrt[n]{a}$

❼ $a^{\frac{m}{n}} = \sqrt[n]{a^m}$

❽ n が奇数のとき，$\sqrt[n]{-a} = -\sqrt[n]{a}$

解答

$a^2 = 2^2 \cdot 2\sqrt{2\sqrt{2\sqrt{2\sqrt{2\sqrt{2\sqrt{2}}}}}} \iff a^4 = 2^4 \cdot 2^2 \cdot 2\sqrt{2\sqrt{2\sqrt{2\sqrt{2\sqrt{2}}}}}$

$\iff a^8 = 2^8 \cdot 2^4 \cdot 2^2 \cdot 2\sqrt{2\sqrt{2\sqrt{2\sqrt{2}}}}$

$\iff a^{16} = 2^{16} \cdot 2^8 \cdot 2^4 \cdot 2^2 \cdot 2\sqrt{2\sqrt{2\sqrt{2}}}$

$\iff a^{32} = 2^{32} \cdot 2^{16} \cdot 2^8 \cdot 2^4 \cdot 2^2 \cdot 2\sqrt{2\sqrt{2}}$

$\iff a^{64} = 2^{64} \cdot 2^{32} \cdot 2^{16} \cdot 2^8 \cdot 2^4 \cdot 2^2 \cdot 2\sqrt{2}$

$\iff a^{128} = 2^{128} \cdot 2^{64} \cdot 2^{32} \cdot 2^{16} \cdot 2^8 \cdot 2^4 \cdot 2^2 \cdot 2$

$\iff a^{128} = 2^{128} \cdot 2^{64} \cdot 2^{32} \cdot 2^{16} \cdot 2^8 \cdot 2^4 \cdot 2^2 \cdot 2$ ← 初項 1, 公比 2, 項数 8 の等比数列の和

$\iff a^{2^7} = 2^{2^7+2^6+2^5+2^4+2^3+2^2+2^1+1} = 2^{\frac{2^8-1}{2-1}} = 2^{2^8-1}$

$\iff a = 2^{\frac{2^8-1}{2^7}} = (2^3)^{\left\{\frac{1}{3}\left(\frac{2^8-1}{2^7}\right)\right\}} = 8^{\left\{\frac{1}{3}\left(\frac{2^8-1}{2^7}\right)\right\}}$ ← 求める値は $\log_8 a$ だから, 計算がしやすいように変形をしておこう.

ここで, $a = 8^{\frac{1}{3}\left(\frac{2^8-1}{2^7}\right)} > 0$ より,

$\log_8 a = \log_8 8^{\frac{1}{3}\left(\frac{2^8-1}{2^7}\right)} = \frac{1}{3}\left(\frac{2^8-1}{2^7}\right)$

$\iff \log_8 a = \dfrac{\underset{アイ}{85}}{\underset{ウエオ}{128}}$

問題 36 対数方程式

方程式 $\log_2 \sqrt[3]{x} - \log_4 4x^3 + 8 = 0$ の解は，$x = \boxed{\text{ア}}$ である．

解法のポイント

対数方程式は①底，②真数をチェックし，条件を確認する．

重要

$a > 0,\ a \neq 1,\ M > 0,\ N > 0$

❶ $\log_a 1 = 0$

❷ $\log_a a = 1$

❸ $\log_a MN = \log_a M + \log_a N$

❹ $\log_a \dfrac{M}{N} = \log_a M - \log_a N$

❺ $\log_a M^p = p \log_a M$ （p は実数）

❻ $\log_a M = \dfrac{\log_b M}{\log_b a}$ （$b > 0,\ b \neq 1$）

❼ $a^{\log_a M} = M$

解 答

> ① 底は 1 より大きいから $\log_2 x$ は単調増加関数
>
> ② 真数条件 $x > 0$

$\log_2 \sqrt[3]{x} - \log_4 4x^3 + 8 = 0$

$\iff \log_2 x^{\frac{1}{3}} - \log_4 4 - \log_4 x^3 + 8 = 0$

$\iff \dfrac{1}{3} \log_2 x - 1 - 3\log_4 x + 8 = 0$

$\iff \dfrac{1}{3} \log_2 x - 1 - 3\log_4 x + 8 = 0$ 　　底を 2 で揃える

$\iff \dfrac{1}{3} \log_2 x - 1 - 3\dfrac{\log_2 x}{\log_2 4} + 8 = 0$

$\iff \dfrac{1}{3} \log_2 x - \dfrac{3}{2} \log_2 x + 7 = 0$

$\iff -\dfrac{7}{6} \log_2 x + 7 = 0$

$\iff \log_2 x = 6$

$\iff x = 2^6 = \underset{\text{ア}}{\mathbf{64}}$

問題 37 対数不等式

$x>0$ とするとき $1<\log_2(\log_x 2)<2$ を満たす x の範囲をもとめると，　ア　となる．

解法のポイント

対数不等式は①底，②真数を確認し，底の変換公式を利用する．

重要

$a>0$, $a\neq 1$, $M>0$, $N>0$

❶ $\log_a 1 = 0$

❷ $\log_a a = 1$

❸ $\log_a MN = \log_a M + \log_a N$

❹ $\log_a \dfrac{M}{N} = \log_a M - \log_a N$

❺ $\log_a M^p = p \log_a M$ （p は実数）

❻ $\log_a M = \dfrac{\log_b M}{\log_b a}$ （$b>0$, $b\neq 1$）

❼ $a^{\log_a M} = M$

解答

与式より，真数 $\log_x 2 = \dfrac{\log_2 2}{\log_2 x} = \dfrac{1}{\log_2 x} > 0 \iff \boxed{\log_2 x > 0}$ である．

$$1 < \log_2(\log_x 2) < 2$$

$$\iff \log_2 2 < \log_2(\log_x 2) < 2\log_2 2$$

$$\iff \log_2 2 < \log_2(\log_x 2) < \log_2 4$$

> "真数は正"の条件と底の変換公式を利用する！

ここで，底の変換公式より，

$$2 < \log_x 2 < 4 \iff 2 < \dfrac{1}{\log_2 x} < 4$$

ここで，$\boxed{\log_2 x > 0}$ より，

$$\dfrac{1}{2} > \log_2 x > \dfrac{1}{4} \iff 2^{\frac{1}{4}} < x < 2^{\frac{1}{2}}$$

$$\iff \sqrt[4]{2} < x < \sqrt{2} = \boxed{\ \ \text{ア}\ \ }$$

問題 38 対数方程式と不等式

方程式 $(\log_2 x + \log_4 x)\log_8 x = \log_8(2\sqrt{2}\,x^4)$ をみたす x の値を求めると，$x = \boxed{\text{ア}}$ である．また，不等式 $(\log_{\frac{1}{2}} x)\log_{x^3}\left(-x^2 + \dfrac{5}{4}x\right) \geqq \dfrac{2}{3}$ をみたす x の値の範囲は $\boxed{\text{イ}}$ である．

解法のポイント

対数は①底，②真数を確認し，底の変換公式を利用する．

底を $2(>1)$ で揃える．真数条件 $x > 0$

$$\log_4 x = \frac{\log_2 x}{\log_2 4} = \frac{\log_2 x}{2}, \quad \log_8(2\sqrt{2}\,x^4) = \frac{\log_2(2^{\frac{3}{2}}x^4)}{\log_2 8} = \frac{\log_2(2^{\frac{3}{2}}x^4)}{3} \text{ より}$$

方程式 $(\log_2 x + \log_4 x)\log_8 x = \log_8(2\sqrt{2}\,x^4)$

$\iff \left(\log_2 x + \dfrac{\log_2 x}{2}\right)\dfrac{\log_2 x}{3} = \dfrac{\log_2(2^{\frac{3}{2}}x^4)}{3}$

$\iff \left(\log_2 x + \dfrac{\log_2 x}{2}\right)\dfrac{\log_2 x}{3} = \dfrac{1}{3}\left(\dfrac{3}{2} + 4\log_2 x\right)$

解 答

$\iff 3(\log_2 x)^2 - 8(\log_2 x) - 3 = 0$

$\iff (3\log_2 x + 1)(\log_2 x - 3) = 0$

$\iff \begin{cases} \log_2 x = -\dfrac{1}{3} \iff x = 2^{-\frac{1}{3}} = \overset{ア}{\dfrac{\mathbf{1}}{\sqrt[3]{\mathbf{2}}}} > 0 \\ \log_2 x = 3 \iff x = 2^3 = \underset{ア}{\mathbf{8}} > 0 \end{cases}$

底の条件 $0 < x < 1$, $1 < x$

真数条件 $x > 0$, $-x^2 + \dfrac{5}{4}x > 0 \iff 0 < x < \dfrac{5}{4}$ $\left.\begin{matrix} 0 < x < 1 \\ 1 < x < \dfrac{5}{4} \end{matrix}\right.$

底を $\dfrac{1}{2}$ で揃えると, $\log_{x^3}\left(-x^2 + \dfrac{5}{4}x\right) = \dfrac{\log_{\frac{1}{2}}\left(-x^2 + \dfrac{5}{4}x\right)}{3(\log_{\frac{1}{2}} x)}$

不等式 $(\log_{\frac{1}{2}} x) \log_{x^3}\left(-x^2 + \dfrac{5}{4}x\right) \geqq \dfrac{2}{3}$

$\iff (\log_{\frac{1}{2}} x) \dfrac{\log_{\frac{1}{2}}\left(-x^2 + \dfrac{5}{4}x\right)}{3(\log_{\frac{1}{2}} x)} \geqq \dfrac{2}{3} \iff \log_{\frac{1}{2}}\left(-x^2 + \dfrac{5}{4}x\right) \geqq 2 = \log_{\frac{1}{2}} \dfrac{1}{4}$

$\iff -x^2 + \dfrac{5}{4}x \leqq \dfrac{1}{4} \iff (x-1)(4x-1) \geqq 0 \iff x \leqq \dfrac{1}{4}, \ 1 \leqq x$

以上より, $\overset{イ}{\boxed{\mathbf{0 < x \leqq \dfrac{1}{4}, \ 1 < x < \dfrac{5}{4}}}}$

問題 39 対数関数

$a \neq 1$, $b \neq 1$ を満たす正の数 a, b に対して

$$\log_{\frac{1}{b}} a \times \log_a \frac{1}{b} = \boxed{\text{ア}}, \quad \log_b a \times \log_{\sqrt{a}} \sqrt{b} = \boxed{\text{イ}}$$

が成り立つ.

解法のポイント

対数は①底,②真数を確認し,
底の変換公式を利用する.

重要

$a > 0$, $a \neq 1$, $M > 0$, $N > 0$

❶ $\log_a 1 = 0$ ❷ $\log_a a = 1$

❸ $\log_a MN = \log_a M + \log_a N$

❹ $\log_a \dfrac{M}{N} = \log_a M - \log_a N$

❺ $\log_a M^p = p \log_a M$ (p は実数)

❻ $\log_a M = \dfrac{\log_b M}{\log_b a}$ ($b > 0$, $b \neq 1$)

❼ $a^{\log_a M} = M$

解 答

底の条件より，$0<a<1$，$a>1$，底を a で揃える

真数条件　$0<b<1$，$b>1$

$$\log_{\frac{1}{b}} a \times \log_a \frac{1}{b} = \frac{\log_a a}{\log_a \frac{1}{b}} \times \log_a \frac{1}{b} = \mathbf{1} \cdots \boxed{\text{ア}}$$

底の条件より，$0<b<1$，$b>1$，底を b で揃える

真数条件　$0<a<1$，$a>1$

$$\log_b a \times \log_{\sqrt{a}} \sqrt{b} = \log_b a \times \frac{\log_b \sqrt{b}}{\log_b \sqrt{a}} = \log_b a \times \frac{\frac{1}{2} \log_b b}{\frac{1}{2} \log_b a} = \mathbf{1} \cdots \boxed{\text{イ}}$$

問題 40 常用対数

$2^{10} < \left(\dfrac{5}{2}\right)^n < 2^{50}$ を満たす自然数 n は □ア□ 個ある．また，$2^{50} < 2^n + \left(\dfrac{5}{2}\right)^n < 2^{100}$ を満たす最小の自然数 n は □イ□ で最大の自然数 n は □ウ□ である．ただし，$0.301 < \log_{10} 2 < 0.3011$ である．

解法のポイント

常用対数を利用し，
不等式のはさみうちと近似値で考える．

$0 < 2^{10} < \left(\dfrac{5}{2}\right)^n < 2^{50}$ の常用対数をとると，

$\log_{10} 2^{10} < \log_{10} \left(\dfrac{5}{2}\right)^n < \log_{10} 2^{50} \iff 10 \log_{10} 2 < n \log_{10} \dfrac{10}{2^2} < 50 \log_{10} 2$

$\iff 10 \log_{10} 2 < n(1 - 2\log_{10} 2) < 50 \log_{10} 2$

$\iff \dfrac{10 \log_{10} 2}{1 - 2\log_{10} 2} < n < \dfrac{50 \log_{10} 2}{1 - 2\log_{10} 2}$

ここで，$0.301 < \log_{10} 2 < 0.3011$ より，$\log_{10} 2 \fallingdotseq 0.301$ と考えると

$\dfrac{10 \log_{10} 2}{1 - 2\log_{10} 2} \fallingdotseq \dfrac{10 \times 0.301}{1 - 2 \times 0.301} = 7.5628\cdots$

解 答

よって，$7.5628\cdots < n < 37.814\cdots$

を満たす自然数 $n = 37 - 8 + 1$

$= \boxed{30}$ 個
　　　　ア

$$\frac{50 \log_{10} 2}{1 - 2 \log_{10} 2} = 5 \times \frac{10 \log_{10} 2}{1 - 2 \log_{10} 2} \fallingdotseq 37.8140\cdots$$

この近似がポイント！

$2^{50} < \boxed{2^n + \left(\frac{5}{2}\right)^n} < 2^{100}$ について考えると，$\boxed{2^n \leqq \left(\frac{5}{2}\right)^n}$ より，

$$2^{50} < 2^n + \left(\frac{5}{2}\right)^n < \left(\frac{5}{2}\right)^n + \left(\frac{5}{2}\right)^n = 2\left(\frac{5}{2}\right)^n \iff \frac{2^{50}}{2} < \frac{2^n + \left(\frac{5}{2}\right)^n}{2} < \frac{2\left(\frac{5}{2}\right)^n}{2}$$

$$\iff 2^{49} < \frac{2^n + \left(\frac{5}{2}\right)^n}{2} < \left(\frac{5}{2}\right)^n$$

$2^{49} < \left(\frac{5}{2}\right)^n$ の常用対数をとると，$n > \dfrac{49 \log_{10} 2}{1 - 2 \log_{10} 2} = 37.057\cdots$

$\left(\frac{5}{2}\right)^n < 2^n + \left(\frac{5}{2}\right)^n < 2^{100} \Rightarrow \left(\frac{5}{2}\right)^n < 2^{100}$ の常用対数をとると，

$$n < \frac{100 \log_{10} 2}{1 - 2 \log_{10} 2} = 75.628\cdots$$

よって，$37.057\cdots < n < 75.628\cdots \iff 38 \leqq n \leqq 75$

以上より，最小の自然数 n は $\boxed{\text{イ}} = \mathbf{38}$，

最大の自然数 n は $\boxed{\text{ウ}} = \mathbf{75}$

問題 41　曲線の接線，最大・最小

三角形 ABC を次のように作る．

点 A$(a, 0)$ $(0<a<4)$，点 B$(4, 0)$ とし，点 A から $y=x^2$ $(x>0)$ のグラフに引いた接線 l の接点を C とする．

(i) 点 C の座標を a で表すと C(　ア　, 　イ　) である．

(ii) 三角形 ABC の面積 S を a で表すと $S=$ 　ウ　 である．

(iii) 面積 S は $a=$ 　エ　 のとき最大となり，最大値は 　オ　 である．

解法のポイント

具体的な図を描いて，
接線方程式の公式を活用する．

解 答

(i) 接点 $C(t, t^2)$ とする. 但し, $t > 0$.

接線 $l : y - t^2 = 2t(x - t) \iff y = 2tx - t^2$

接線 l は点 A を通るから, $0 = 2ta - t^2$

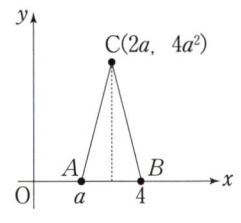

ここで, $t > 0$ とすると, $t = 2a \iff \mathbf{C(2a, 4a^2)} \cdots$ ｜ア｜ ｜イ｜

(ii) 三角形 ABC の面積 $S = \dfrac{(4-a)4a^2}{2} = \mathbf{2(4-a)a^2} = \mathbf{-2a^3 + 8a^2}$

$\cdots$ ｜ウ｜

(iii) (ii)の結果を用いると, $a > 0$, $a > 0$, $2(4-a) > 0$ より

$$\dfrac{a + a + 2(4-a)}{3} \geq \sqrt[3]{a \cdot a \cdot 2(4-a)} \quad \left(\text{等号成立 } a = 8 - 2a \iff a = \dfrac{8}{3}\right)$$

$$\iff \dfrac{8}{3} \geq \sqrt[3]{S}$$

$$\iff 0 < S \leq \left(\dfrac{8}{3}\right)^3 = \dfrac{512}{27}$$

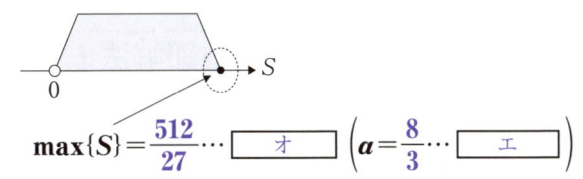

$$\max\{S\} = \dfrac{\mathbf{512}}{\mathbf{27}} \cdots \text{｜オ｜} \quad \left(a = \dfrac{\mathbf{8}}{\mathbf{3}} \cdots \text{｜エ｜}\right)$$

問題 42 曲線の接線と面積

直線 $y=2x-1$ 上の点 $P(t, 2t-1)$ $\left(0 \leq t \leq \dfrac{1}{2}\right)$ から,放物線 $C: y=x^2$ に 2 本の接線を引き,その接点を $Q(\alpha, \alpha^2)$,$R(\beta, \beta^2)$ $(\alpha < \beta)$ とするとき,

(1) α を t の式で表すと ア である.

(2) 2 本の接線と放物線 C とで囲まれる部分の面積が $\dfrac{16}{81}$ であるとき,点 P の座標は イ である.

解法のポイント

放物線と 2 接線で囲まれた部分の面積を考える.

絶対に暗記しておきたい即解法!

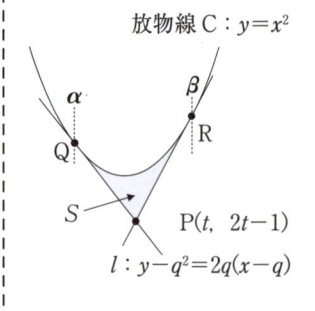

放物線 $C: y=x^2$

放物線 $C: y=ax^2+bx+c$ と接点の x 座標が α,β とする 2 つの接線と曲線 C で囲まれた部分の面積は,

$$S = \dfrac{|a|(\beta-\alpha)^3}{12}$$

と表される.

$l: y-q^2 = 2q(x-q)$

$P(t, 2t-1)$

解答

C 上の点 (q, q^2) における接線方程式

$l : y - q^2 = 2q(x - q)$　　←接線方程式の公式

これが $P(t, 2t-1)$ を通るから

$2t - 1 - q^2 = 2q(t - q) \iff q^2 - 2tq + 2t - 1 = 0$

$\iff (q-1)(q-2t+1) = 0$（接点の x 座標を表す方程式）

ここで, 2解 α, β $\left(\alpha < \beta, \; 0 \leq t \leq \dfrac{1}{2}\right)$ より, $\alpha = 2t - 1, \; \beta = 1$

よって, $\boldsymbol{\alpha = 2t - 1}$ … ア

求める面積 $S = \dfrac{|a|(\beta - \alpha)^3}{12} = \dfrac{|-1|(2t-1-1)^3}{12}$

$= \dfrac{2^3(1-t)^3}{12} = \dfrac{2(1-t)^3}{3} = \dfrac{16}{81}$

$\iff (1-t)^3 = \dfrac{8}{27} \iff (1-t)^3 - \left(\dfrac{2}{3}\right)^3 = 0$

$\iff \left(1 - t - \dfrac{2}{3}\right)\left\{(1-t)^2 + (1-t)\dfrac{2}{3} + \left(\dfrac{2}{3}\right)^2\right\} = 0$

ここで, $(1-t)^2 + (1-t)\dfrac{2}{3} + \left(\dfrac{2}{3}\right)^2 \neq 0$ より

よって, $t = \dfrac{1}{3}$　故に, $P\left(\dfrac{1}{3}, -\dfrac{1}{3}\right)$ … イ

問題 43 放物線と直線

2次関数 $y=x^2+ax+b$ が直線 $y=2x$ および $y=-x+3$ と接するとき $a=$ ① ，$b=$ ② であり，直線 $y=2x$ との接点の x 座標は $x=$ ③ ，直線 $y=-x+3$ との接点の x 座標は $x=$ ④ である．

解法のポイント

"2次関数 $y=f(x)$ と直線 $y=g(x)$ が接する"
$\iff$ "方程式 $f(x)=g(x)$ が重解をもつ" と考える．

解答

$y = x^2 + ax + b$ と $y = 2x$ が接する $\iff$ 方程式 $x^2 + ax + b = 2x$

$\iff x^2 + (a-2)x + b = 0$ が重解をもつ

$\iff$ 判別式 $D_1 = (a-2)^2 - 4b = 0 \iff a^2 - 4a - 4b + 4 = 0 \cdots$(A)

$\iff$ 重解 $x = -\dfrac{a-2}{2} \cdots$(C) （交点の x 座標）

$y = x^2 + ax + b$ と $y = -x + 3$ が接する $\iff x^2 + ax + b = -x + 3$

$\iff x^2 + (a+1)x + (b-3) = 0$ が重解をもつ

$\iff$ 判別式 $D_2 = (a+1)^2 - 4(b-3) = 0 \iff a^2 + 2a - 4b + 13 = 0 \cdots$(B)

$\iff$ 重解 $x = -\dfrac{a+1}{2} \cdots$(D) （交点の x 座標）

(A), (B)より，$-6a - 9 = 0 \iff \boldsymbol{a = -\dfrac{3}{2}} \cdots$①, (A)より $\boldsymbol{b = \dfrac{49}{16}} \cdots$②

(C)に①を代入して $-\dfrac{\left(-\dfrac{3}{2}\right) - 2}{2} = \boldsymbol{\dfrac{7}{4}} \cdots$③

(D)に①を代入して $-\dfrac{\left(-\dfrac{3}{2}\right) + 1}{2} = \boldsymbol{\dfrac{1}{4}} \cdots$④

問題 44 定積分

座標平面上の放物線 $C: y=x^2-2x-3$ と直線 $L: y=x+1$ とで囲まれた部分の面積を S とすれば $S=\dfrac{\boxed{アイウ}}{\boxed{エ}}$ である.

解法のポイント

放物線 $C: y=ax^2+bx+c$ $(a \neq 0)$ と直線 $L: y=mx+n$ で囲まれる部分の面積 S を求めるとき,C と L の交点の x 座標 $x=\alpha$, $x=\beta$ とすると($\alpha < \beta$)

$$S=\dfrac{|a|(\beta-\alpha)^3}{6}$$

解 答

C と L の交点の x 座標 $x^2-2x-3=x+1$

$\iff x^2-3x-4=0 \iff (x+1)(x-4)=0$

$\iff x=-1,\ x=4$

C と L で囲まれた部分の面積

$$S=\int_{-1}^{4}\{(x+1)-(x^2-2x-3)\}dx$$

$$=\int_{-1}^{4}(x+1)(x-4)dx$$

$$=\frac{\{4-(-1)\}^3}{6}$$
　　アイウ

$$=\frac{\mathbf{125}}{\mathbf{6}}$$
　　エ

問題 45 逆関数

$f(x) = \dfrac{3x+4}{2x-1}$ の逆関数は，$f^{-1}(x) = \dfrac{\boxed{\text{ア}}}{\boxed{\text{イ}}}$ ある．

解法のポイント

x, y と入れかえて "$y=$" の式に変形する．

重要

逆関数の性質

❶ f の定義域は f^{-1} の値域，f の値域は f^{-1} の定義域．

❷ $y=f(x)$ のグラフと $y=f^{-1}(x)$ のグラフは直線 $y=x$ に関して対称である．

解答

$x = \dfrac{3y+4}{2y-1} \left(y \neq \dfrac{1}{2}\right)$ とおいて，y について解く．

$\iff 2xy - x = 3y + 4$

$\iff (2x-3)y = x+4$

$\iff y = \dfrac{x+4}{2x-3} \left(x \neq \dfrac{3}{2}\right)$

よって，$f^{-1}(x) = \dfrac{\boldsymbol{x+4}}{\boldsymbol{2x-3}} = \dfrac{\boxed{\text{ア}}}{\boxed{\text{イ}}}$

問題 46 導関数

$f(x) = \dfrac{\sin 2x}{\sin^2 x}$ とする．$t = \sin x$ とおくと，$f'(x)$ は t の式として表され，　ア　となる．

解法のポイント

商の微分公式

$$\left\{\dfrac{f(x)}{g(x)}\right\}' = \dfrac{f'(x)g(x) - f(x)g'(x)}{\{g(x)\}^2}$$

重要

微分法の基本公式

❶ $\{f(x)g(x)\}' = f'(x)g(x) + f(x)g'(x)$

❷ $\left\{\dfrac{f(x)}{g(x)}\right\}' = \dfrac{f'(x)g(x) - f(x)g'(x)}{\{g(x)\}^2}$ ❸ $\left\{\dfrac{1}{g(x)}\right\}' = \dfrac{-g'(x)}{\{g(x)\}^2}$

微分法の公式

❶ $(x^\alpha)' = \alpha x^{\alpha-1}$ (α は実数)   ❷ $(\sin x)' = \cos x$

❸ $(\cos x)' = -\sin x$ ❹ $(\tan x)' = \dfrac{1}{\cos^2 x}$

❺ $(e^x)' = e^x$ ❻ $(a^x)' = a^x \log a$ ($0 < a < 1,\ 1 < a$)

❼ $(\log |x|)' = \dfrac{1}{|x|}$ ❽ $(\log_a |x|)' = \dfrac{1}{x \log a}$ ($0 < a < 1,\ 1 < a$)

解答

$f(x) = \dfrac{\sin 2x}{\sin^2 x} = \dfrac{2\sin x \cos x}{\sin^2 x} = 2\dfrac{\cos x}{\sin x}$ とおく．

（2倍角の公式）

$f'(x) = 2\dfrac{(\cos x)' \sin x - \cos x (\sin x)'}{\sin^2 x}$

$= 2\dfrac{-\sin^2 x - \cos^2 x}{\sin^2 x}$

$= 2\dfrac{-(\sin^2 x + \cos^2 x)}{\sin^2 x}$

（$\sin^2 x + \cos^2 x = 1$）

$= \dfrac{-2}{(\sin x)^2}$

$t = \sin x$ とおくと，

$f'(x) = -\dfrac{2}{t^2} = \boxed{}$ ア

問題47 ガウス記号と極限

実数 α に対して α を超えない最大の整数を $[\alpha]$ と書く．$[\ ]$ をガウス記号という．

① 自然数 m の桁数 k をガウス記号を用いて表すと $k=[\boxed{}]$ である．

② 自然数 n に対して 3^n の桁数 k_n で表すと $\displaystyle\lim_{n\to\infty}\frac{k_n}{n}=[\boxed{}]$ である．

解法のポイント

ガウス記号を利用する．

実数 α を超えない最大の整数 n を $[\alpha]=n$ とする．

$n \leqq \alpha < n+1 \iff \alpha-1 < [\alpha] \leqq \alpha$

解 答

①自然数 m の桁数が k のとき

$$10^{k-1} \leqq m < 10^k \iff k-1 \leqq \log_{10} m < k$$

$$\iff k \leqq \log_{10} m + 1 < k+1$$

$$\iff k = [\log_{10} m + 1] = [\boxed{\text{ア}}]$$

② 3^n の桁数が k_n のとき

$$10^{k_n - 1} \leqq 3^n < 10^{k_n} \iff k_n - 1 \leqq n \log_{10} 3 < k_n$$

$$\iff k_n \leqq n \log_{10} 3 + 1 < k_n + 1$$

$$\iff n \log_{10} 3 < k_n \leqq n \log_{10} 3 + 1$$

$$\iff \log_{10} 3 < \frac{k_n}{n} \leqq \log_{10} 3 + \frac{1}{n}$$

ここで，$\displaystyle\lim_{n \to \infty} \left(\log_{10} 3 + \frac{1}{n} \right) = \log_{10} 3$

よって，はさみうちの原理より

$$\lim_{n \to \infty} \frac{k_n}{n} = \log_{10} 3 = [\boxed{\text{イ}}]$$

問題 48 数列の極限

次の ◻ をうめよ．

等差数列 $\{a_n\}$ において，その第 3 項が 3，第 7 項が 11 である．このとき一般項は $a_n = \boxed{\text{ア}}$ であり，$\displaystyle\sum_{n=1}^{\infty} \frac{1}{a_n a_{n+1}} = \boxed{\text{イ}}$ である．

解法のポイント

部分分数と差分の和の利用．

$$\frac{1}{(2k-3)(2k-1)} = \frac{1}{2}\left(\frac{1}{2k-3} - \frac{1}{2k-1}\right)$$

解答

等差数列 $a_n = a_1 + (n-1)d$ とする.

$\begin{cases} a_3 = a_1 + 2d = 3 \cdots ① \\ a_7 = a_1 + 6d = 11 \cdots ② \end{cases}$ ①, ②より,

$a_1 = -1, \ d = 2$

よって, $a_n = -1 + (n-1) \times 2 = \boldsymbol{2n-3} \cdots \boxed{ア}$

$\displaystyle \sum_{n=1}^{\infty} \frac{1}{a_n a_{n+1}} = \lim_{n \to \infty} \sum_{k=1}^{n} \frac{1}{a_k a_{k+1}} = \lim_{n \to \infty} \sum_{k=1}^{n} \frac{1}{(2k-3)(2k-1)}$

$\displaystyle = \lim_{n \to \infty} \sum_{k=1}^{n} \frac{1}{2} \left(\frac{1}{2k-3} - \frac{1}{2k-1} \right)$

（部分分数で差分の和をとる.）

$\displaystyle = \lim_{n \to \infty} \left\{ \frac{1}{2} \left(\frac{1}{-1} - \frac{1}{1} \right) + \frac{1}{2} \left(\frac{1}{1} - \frac{1}{3} \right) + \cdots + \frac{1}{2} \left(\frac{1}{2n-3} - \frac{1}{2n-1} \right) \right\}$

（初項と末項のみが残る.）

$\displaystyle = \lim_{n \to \infty} \frac{1}{2} \left(\frac{1}{-1} - \frac{1}{2n-1} \right)$

$\displaystyle = \frac{1}{2} \left(\frac{1}{-1} - \lim_{n \to \infty} \frac{1}{2n-1} \right) = \boldsymbol{-\frac{1}{2}} \cdots \boxed{イ}$

（$\displaystyle \lim_{n \to \infty} \frac{1}{2n-1} = 0$）

問題 49 漸化式と数列の極限

$a_1=2$, $a_{n+1}=\dfrac{1}{2}a_n+2$ $(n=1, 2, 3, \cdots)$ で定義される数列の8番目の項は $a_8=\dfrac{\boxed{アイウ}}{\boxed{エオ}}$ であり，最初の8項の和は $\dfrac{\boxed{カキクケ}}{\boxed{コサ}}$ である．また，$\displaystyle\lim_{n\to\infty}a_n=\boxed{シ}$ となる．

解法のポイント

隣接二項間漸化式の解法

重要

$a_{n+1}=pa_n+q$

- $p=1$
  - q が定数 ⇒ $a_{n+1}=a_n+q$：等差数列
  - q が n の関数 ⇒ $a_{n+1}=a_n-f(n)$：階差数列

    階差数列 $\{a_n\}$：$a_n-a_1=\displaystyle\sum_{k=1}^{n-1}f(k)$, $n\geq 2$

- $p\neq 1$
  - q が定数 ⇒ $a_{n+1}-C=p(a_n-C)$

    C は定数
  - q が n の関数
    - q が n の整式 ⇒ $a_{n+1}-f(n+1)=p\{a_n-f(n)\}$

      q が n の1次の整式のとき，$f(n)=\alpha n+\beta$ $(\alpha\neq 0)$ とする．
    - q が a^{n+1} ⇒ $\dfrac{a_{n+1}}{p^{n+1}}=\dfrac{a_n}{p^n}-a$

      両辺を a^{n+1} で割る．

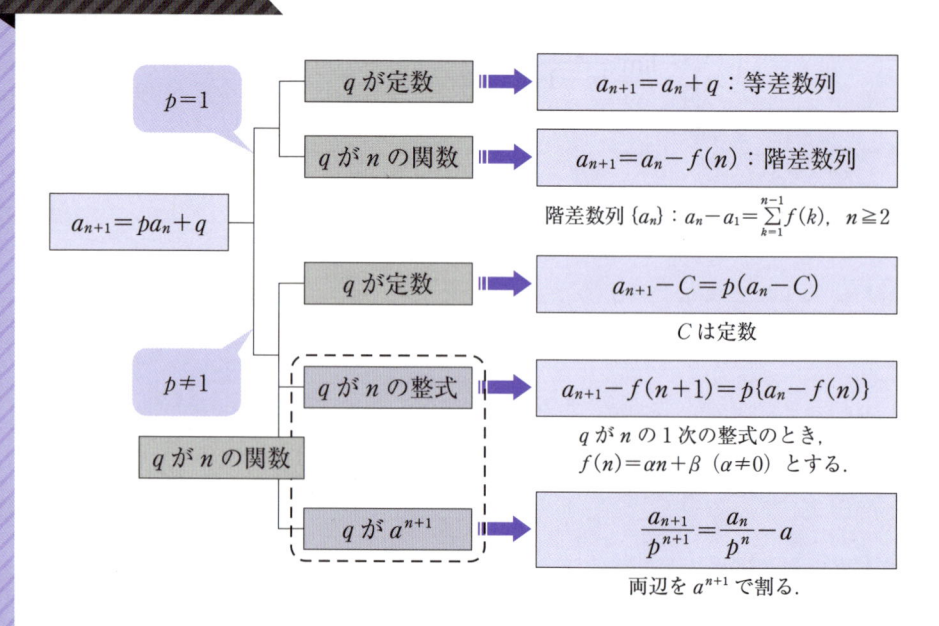

解 答

$a_{n+1}=\dfrac{1}{2}a_n\boxed{+2}$ は $a_{n+1}-C=\dfrac{1}{2}(a_n-C) \iff a_{n+1}=\dfrac{1}{2}a_n\boxed{+\dfrac{1}{2}C}$ になる．

$\boxed{C=4}$　よって，$a_{n+1}-4=\dfrac{1}{2}(a_n-4)$

数列 $\{a_n-4\}$ は，初項 $a_1-4=-2$，公比 $\dfrac{1}{2}$ の等比数列より

$$a_n-4=-2\left(\dfrac{1}{2}\right)^{n-1}=-\left(\dfrac{1}{2}\right)^{n-2}$$

$\iff$ 一般項 $\boxed{a_n=4-\left(\dfrac{1}{2}\right)^{n-2}}$　$(n=1,\ 2,\ 3,\ \cdots)$

$a_8=2^2-\dfrac{1}{2^6}=\dfrac{2^8-1}{2^6}=\dfrac{\mathbf{255}}{\mathbf{64}}=\dfrac{\boxed{アイウ}}{\boxed{エオ}}$

$a_1+\cdots+a_8=\displaystyle\sum_{k=1}^{8}\left\{4-2\left(\dfrac{1}{2}\right)^{n-1}\right\}=4\times 8+\dfrac{-2\left\{1-\left(\dfrac{1}{2}\right)^8\right\}}{1-\dfrac{1}{2}}=\dfrac{\mathbf{1793}}{\mathbf{64}}=\dfrac{\boxed{カキクケ}}{\boxed{コサ}}$

また，$n\to\infty$ のとき，$\left(\dfrac{1}{2}\right)^{n-1}\to 0$ より，

$\displaystyle\lim_{n\to\infty}a_n=\lim_{n\to\infty}\left\{4-\left(\dfrac{1}{2}\right)^{n-2}\right\}=\mathbf{4}=\boxed{シ}$

問題 50 無限級数

次の循環小数を分数で表せ．

$$0.\dot{1}\dot{2} \times 0.\dot{2}\dot{7} = \frac{\boxed{ア}}{\boxed{イウエ}} \qquad (0.\dot{0}3\dot{7})^{0.\dot{6}} = \frac{\boxed{オ}}{\boxed{カ}}$$

解法のポイント

無限等比級数 $\sum_{n=1}^{\infty} a_1 r^{n-1} = \dfrac{a_1}{1-r}$ $(|r|<1)$

重要

無限級数の基本定理

$$\sum_{n=1}^{\infty} a_n = S \implies \lim_{n \to \infty} a_n = 0$$

無限等比級数の収束条件

$$\sum_{n=1}^{\infty} ar^{n-1} = a + ar + ar^2 + \cdots + ar^{n-1} + \cdots \quad (a：初項,\ r：公比)$$

$a=0$ または $|r|<1$ のとき収束し，$\sum_{n=1}^{\infty} ar^{n-1} = \dfrac{a}{1-r}$

解答

$0.1\dot{2} = 0.1212121212121212\cdots = 0.12 + 0.0012 + 0.000012 + \cdots$

$$= \sum_{n=1}^{\infty} 0.12(0.01)^n = \frac{0.12}{1-0.01} = \frac{12}{100-1} = \frac{4}{33}$$

$0.\dot{2}\dot{7} = 0.2727272727272727\cdots = 0.27 + 0.0027 + 0.000027 + \cdots$

$$= \sum_{n=1}^{\infty} 0.27(0.01)^n = \frac{0.27}{1-0.01} = \frac{27}{100-1} = \frac{3}{11}$$

よって，$0.1\dot{2} \times 0.\dot{2}\dot{7} = \frac{4}{33} \times \frac{3}{11} = \mathbf{\frac{4}{121}} = \frac{\boxed{ア}}{\boxed{イウエ}}$

$0.0\dot{3}\dot{7} = 0.0370370370\cdots = 0.037 + 0.000037 + 0.000000037\cdots$

$$= \sum_{n=1}^{\infty} 0.037(0.001)^n = \frac{0.037}{1-0.001} = \frac{37}{1000-1} = \frac{1}{27} = \left(\frac{1}{3}\right)^3$$

$0.\dot{6} = 0.66666666666666\cdots = 0.6 + 0.06 + 0.006\cdots$

$$= \sum_{n=1}^{\infty} 0.6(0.1)^n = \frac{0.6}{1-0.1} = \frac{6}{10-1} = \frac{2}{3}$$

よって，$(0.0\dot{3}\dot{7})^{0.\dot{6}} = \left\{\left(\frac{1}{3}\right)^3\right\}^{\frac{2}{3}} = \left(\frac{1}{3}\right)^2 = \mathbf{\frac{1}{9}} = \frac{\boxed{オ}}{\boxed{カ}}$

107

問題 51 無限等比級数

無限等比級数

$$1+\frac{(x-1)(x-3)}{2}+\left(\frac{(x-1)(x-3)}{2}\right)^2+\cdots+\left(\frac{(x-1)(x-3)}{2}\right)^{n-1}+\cdots$$

が収束するような x の範囲は

$\boxed{\text{ア}}-\sqrt{\boxed{\text{イ}}}<x<\boxed{\text{ウ}}+\sqrt{\boxed{\text{エ}}}$ である．この

無限等比級数が収束するとき，その和の最小値は $\dfrac{\boxed{\text{オ}}}{\boxed{\text{カ}}}$ となる．

また，和の最小値を与える x は $\boxed{\text{キ}}$ である．

解法のポイント

無限等比級数 $\sum_{n=1}^{\infty} a_1 r^{n-1}$ の収束条件

$$\begin{cases} a_1 = 0 \text{ のとき，} \sum_{n=1}^{\infty} a_1 r^{n-1} = 0 \\ a_1 \neq 0 \text{ かつ } |r| < 1 \text{ のとき，} \sum_{n=1}^{\infty} a_1 r^{n-1} = \dfrac{a_1}{1-r} \end{cases}$$

解答

初項 $a_1 = 1$,公比 $r = \dfrac{(x-1)(x-3)}{2}$ だから

収束するような x の範囲は

$$-1 < \dfrac{(x-1)(x-3)}{2} < 1$$

$\iff -2 < x^2 - 4x + 3 < 2$

$\iff \underset{\text{アイ}}{2-\sqrt{3}} < x < \underset{\text{ウエ}}{2+\sqrt{3}}$

> $x^2 - 4x + 3 > -2$
> $= (x-2)^2 - 1 > -2$
> は明らか！

次に和は,$\dfrac{1}{1 - \dfrac{(x-1)(x-3)}{2}} = \dfrac{2}{-(x-2)^2 + 3}$

ここで,$-(x-2)^2 + 3 \leqq 3 \iff \dfrac{2}{-(x-2)^2 + 3} \geqq \dfrac{2}{3}$

よって,$\sum\limits_{n=1}^{\infty} a_n = \dfrac{1}{1-r} \geqq \underset{\text{オ キ}}{\dfrac{2}{3}}$ (等号成立 $x=2$ のとき)

以上より,$\min\left\{\sum\limits_{n=1}^{\infty} a_n\right\} = \underset{\text{カ}}{\dfrac{\mathbf{2}}{\mathbf{3}}}$ ($x=\mathbf{2}$ のとき)

109

問題 52 関数の極限

正の整数 n に対して，$a_n = 7n^2 + n$ とするとき，

$$\lim_{n \to \infty} \log\left(\frac{a_{n+1} - 6}{a_n}\right)^{9n} = \boxed{\text{アイ}}$$

である．ただし，対数は自然対数とする．

解法のポイント

$$\lim_{x \to 0}(1+x)^{\frac{1}{x}} = \lim_{n \to \infty}\left(1+\frac{1}{n}\right)^n = e$$

重要

$$\lim_{x \to 0}\frac{\sin x}{x} = \lim_{x \to 0}\frac{x}{\sin x} = 1 \qquad \lim_{x \to 0}\frac{\tan x}{x} = \lim_{x \to 0}\frac{x}{\tan x} = 1$$

$$\lim_{x \to \pm\infty}\left(1+\frac{1}{x}\right)^x = e \qquad \lim_{x \to 0}(1+x)^{\frac{1}{x}} = e$$

$$\lim_{x \to 0}\frac{\log(1+x)}{x} = 1 \qquad \lim_{x \to 0}\frac{e^x - 1}{x} = 1$$

解 答

$$\lim_{n\to\infty} \log\left(\frac{a_{n+1}-6}{a_n}\right)^{9n}$$

$$=\lim_{n\to\infty} \log\left(\frac{7(n+1)^2+(n+1)-6}{7n^2+n}\right)^{9n}$$

$$=\lim_{n\to\infty} \log\left(\frac{7n^2+15n+2}{7n^2+n}\right)^{9n}$$

$$=\lim_{n\to\infty} \log\left(\frac{7n^2+n+14n+2}{7n^2+n}\right)^{9n}$$

$$=\lim_{n\to\infty} \log\left(1+\frac{2}{n}\right)^{9n}$$

$$=\lim_{n\to\infty} \log\left\{\left(1+\frac{2}{n}\right)^{\frac{n}{2}}\right\}^{18}$$

$\lim_{n\to 0}\left(1+\dfrac{2}{n}\right)^{\frac{n}{2}}=e$ の公式！

$$=\log\left\{\lim_{n\to\infty}\left(1+\frac{2}{n}\right)^{\frac{n}{2}}\right\}^{18}$$

$$=\log e^{18}$$

$$=\mathbf{18}$$
　アイ

問題 53 導関数

次の□をうめよ．

どのような実数 C_1, C_2 に対しても関数 $f(x) = C_1 e^{2x} + C_2 e^{5x}$ は関係式

$f''(x) + \boxed{\text{ア}} f'(x) + \boxed{\text{イ}} f(x) = 0$ を満たす．

解法のポイント

第 2 次導関数を利用する．

重要

高次導関数の公式

❶ $\dfrac{d^n}{dx^n} x^n = n!$ 　　❷ $\dfrac{d^n}{dx^n} \dfrac{1}{x} = (-1)^n \dfrac{n!}{x^{n+1}}$

❸ $\dfrac{d^n}{dx^n} \sin x = \sin\left(x + \dfrac{n\pi}{2}\right)$ 　　❹ $\dfrac{d^n}{dx^n} \cos x = \cos\left(x + \dfrac{n\pi}{2}\right)$

❺ $\dfrac{d^n}{dx^n} e^x = e^x$ 　　❻ $\dfrac{d^n}{dx^n} \log|x| = (-1)^{n-1} \dfrac{(n-1)!}{x^n}$

解 答

$$\begin{cases} f(x) = C_1 e^{2x} + C_2 e^{5x} \cdots ① \\ f'(x) = 2C_1 e^{2x} + 5C_2 e^{5x} \cdots ② \\ f''(x) = 4C_1 e^{2x} + 25C_2 e^{5x} \cdots ③ \end{cases}$$

> 第 2 次導関数まで求めておくことが大切！ 即解法のポイントになる！

③より，$f''(x) - 4C_1 e^{2x} - 25C_2 e^{5x} = 0 \cdots ③'$

①×5−②　$5f(x) - f'(x) = 3C_1 e^{2x} \iff C_1 e^{2x} = \dfrac{5f(x) - f'(x)}{3}$

①×2−②　$2f(x) - f'(x) = -3C_2 e^{5x} \iff C_2 e^{5x} = \dfrac{2f(x) - f'(x)}{-3}$

これらを③′に代入すると，

$$f''(x) - 4 \cdot \frac{5f(x) - f'(x)}{3} - 25 \cdot \frac{2f(x) - f'(x)}{-3} = 0$$

$$\iff f''(x) + \frac{-20f(x) + 4f'(x)}{3} + \frac{50f(x) - 25f'(x)}{3} = 0$$

$$\iff f''(x) \underbrace{-7}_{\text{ア}} f'(x) \underbrace{+10}_{\text{イ}} f(x) = 0$$

問題 54 整式の除法と導関数

以下の文章の空欄に適切な数または式を入れて文章を完成させなさい．

n は 3 以上の奇数として，多項式 $P(x) = x^n - ax^2 - bx + 2$ を考える．$P(x)$ が $x^2 - 4$ で割り切れるときは $a = \boxed{\text{ア}}$, $b = \boxed{\text{イ}}$ であり，$(x+1)^2$ で割り切れるときは $a = \boxed{\text{ウ}}$, $b = \boxed{\text{エ}}$ である．

解法のポイント

剰余の定理は微分法を利用する．

x の整式 $P(x)$ は $(x-\alpha)^2$ で割り切れる

$\iff P(x) = (x-\alpha)^2 \cdot B(x) \iff P(\alpha) = 0$

両辺を x で微分すると

$\{P(x)\}' = 2(x-\alpha) \cdot B(x) + (x-\alpha)^2 \cdot \{B(x)\}' \iff \{P(\alpha)\}' = 0$

解 答

$n \equiv 1 \pmod{2}$, $n \geq 3$ とする．$P(x)$ が x^2-4 で割り切れるから，

$P(x) = x^n - ax^2 - bx + 2 = (x^2 - 4) \cdot A(x)$

$\iff P(x) = x^n - ax^2 - bx + 2 = (x+2)(x-2) \cdot A(x) \cdots ①$

ただし，$A(x)$ は x の整式

と表すことができる．

①において，$x=2$ のとき，$P(2) = 2^n - 4a - 2b + 2 = 0$

①において，$x=-2$ のとき，$P(-2) = -2^n - 4a + 2b + 2 = 0$

よって，$a = \underset{\text{ア}}{\dfrac{1}{2}}$，$b = \underset{\text{イ}}{2^{n-1}}$

$P(x)$ が $(x+1)^2$ で割り切れるから，

$P(x) = x^n - ax^2 - bx + 2 = (x+1)^2 \cdot B(x) \cdots ②$

と表すことができる．ただし，$B(x)$ は x の整式

①の両辺を x で微分すると

$\{P(x)\}' = nx^{n-1} - 2ax - b = 2(x+1) \cdot B(x) + (x+1)^2 \cdot \{B(x)\}' \cdots ②'$

ただし，$n \equiv 1$，$n - 1 \equiv 0$

②において，$x=-1$ のとき，$P(-1) = -1 - a + b + 2 = 0$

②′において，$x=-1$ のとき，$P(-1) = n + 2a - b = 0$

よって，$a = \underset{\text{ウ}}{-n-1}$，$b = \underset{\text{エ}}{-n-2}$

問題 55 媒介変数と接線の傾き

媒介変数 t を用いて $\begin{cases} x = \dfrac{e^t + 3e^{-t}}{2} \\ y = e^t - 2e^{-t} \end{cases}$ と表される曲線 C の方程式は $\boxed{\text{ア}}\, x^2 + \boxed{\text{イ}}\, xy + \boxed{\text{ウ}}\, y^2 = 25$ である．また，曲線 C の接線の傾きは，$t = \boxed{\text{エ}}$ に対応する点において -2 となる．

解法のポイント

媒介変数 t を消去する．

解 答

$$\begin{cases} x = \dfrac{e^t + 3e^{-t}}{2} \iff 2x = e^t + 3e^{-t} \cdots ① \\ y = e^t - 2e^{-t} \cdots ② \end{cases}$$

①×2+②×3 より　$4x + 3y = 5e^t \cdots ③$

①−② より　$2x - y = 5e^{-t} \iff 5e^t(2x - y) = 25 \cdots ④$

③を④に代入すると，$(4x + 3y)(2x - y) = 25$

よって，曲線 C の方程式 $\mathbf{8}x^2 + \mathbf{2}xy - \mathbf{3}y^2 = 25$
　　　　　　　　　　　　ア　　イ　　ウ

次に，導関数 $\dfrac{dy}{dx} = \dfrac{dy}{dt} \cdot \dfrac{dt}{dx} = (e^t + 2e^{-t}) \cdot \dfrac{2}{e^t - 3e^{-t}} = 2\dfrac{e^t + 2e^{-t}}{e^t - 3e^{-t}}$

曲線 C 上の接点の $(x(t_1),\ y(t_1))$ とすると，

接線の傾き $\dfrac{dy}{dx}\bigg|_{t=t_1} = \dfrac{2(e^{t_1} + 2e^{-t_1})}{e^{t_1} - 3e^{-t_1}} = -2 \iff e^{t_1} + \dfrac{2}{e^{t_1}} = -e^{t_1} + \dfrac{3}{e^{t_1}}$

$\iff 2e^{t_1} = \dfrac{1}{e^{t_1}} \iff e^{2t_1} = \dfrac{1}{2} = 2^{-1}$

$\iff 2t_1 = -\log 2 \iff t_1 = \boxed{-\dfrac{1}{2}\log 2}$
　　　　　　　　　　　　　　　　　　エ

問題 56 定積分

次の積分を計算しなさい．

$$\int_0^1 (1+\sqrt{1-x^2})^2\,dx = \frac{\boxed{ア}}{\boxed{イ}}\pi + \frac{\boxed{ウ}}{\boxed{エ}}$$

解法のポイント

解析だけでなく，幾何学的な考察から考える．

重 要

❶ $I = \int \sqrt{a^2 - x^2}\,dx = \int \sqrt{a^2 - a^2\sin^2\theta}\,\cos\theta\,d\theta = a\int \cos^2\theta\,d\theta$

（但し，$x = a\sin\theta$）

❷ $I = \int \dfrac{1}{a^2+x^2}\,dx = \int \dfrac{1}{a^2 + a^2\tan^2\theta} \cdot \dfrac{a}{\cos^2\theta}\,d\theta$

$= \int \dfrac{1}{a^2(1+\tan^2\theta)} \cdot \dfrac{a}{\cos^2\theta}\,d\theta$

$= \int \dfrac{1}{a^2 \dfrac{1}{\cos^2\theta}} \cdot \dfrac{a}{\cos^2\theta}\,d\theta = \dfrac{1}{a}\int d\theta$ （但し，$x = a\tan\theta$）

解答

$$I = \int_0^1 (1+\sqrt{1-x^2})^2 \, dx$$

$$= \int_0^1 (2-x^2+2\sqrt{1-x^2}) \, dx$$

$$= \int_0^1 (2-x^2) \, dx + 2\int_0^1 \sqrt{1-x^2} \, dx$$

> $x=\sin\theta$ で置換しなくても解ける！

> 原点 O，半径 1 の円の面積の $\dfrac{1}{4}$ と考える

$$= \left[2x - \frac{x^3}{3}\right]_0^1 + 2\cdot\frac{\pi}{4}$$
　　ア　　　ウ

$$= \frac{1}{2}\pi + \frac{5}{3}$$
　イ　　　エ

問題 57 定積分

定積分 $\displaystyle\int_0^{\frac{\pi}{2}} \sqrt{1-2\sin 2x + 3\cos^2 x}\ dx$ の値は $\boxed{\ \ \text{ア}\ \ }$ である．

解法のポイント

$\sqrt{}$ の中を 2 倍角で揃えてから合成する．

重要

❶ $\sin 2\theta = \sin(\theta+\theta) = 2\sin\theta\cos\theta$

❷ $\cos 2\theta = \cos(\theta+\theta) = \cos^2\theta - \sin^2\theta = 2\cos^2\theta - 1 = 1 - 2\sin^2\theta$

❸ $\tan 2\theta = \tan(\theta+\theta) = \dfrac{2\tan\theta}{1-\tan^2\theta}$

解 答

$$1 - 2\sin 2x + 3\cos^2 x = 1 - 2\sin 2x + 3\frac{1 + \cos 2x}{2}$$

$$= \frac{5}{2}\cos(2x + \alpha) + \frac{5}{2} = 5\left\{\frac{\cos 2\left(x + \frac{\alpha}{2}\right) + 1}{2}\right\} = 5\cos^2\left(x + \frac{\alpha}{2}\right)$$

$$= \left\{\sqrt{5}\left|\cos\left(x + \frac{\alpha}{2}\right)\right|\right\}^2 \quad \left(\text{ただし, } \cos\alpha = \frac{3}{5},\ \sin\alpha = \frac{4}{5},\ 0 < \alpha < \frac{\pi}{2}\right)$$

$$I = \int_0^{\frac{\pi}{2}} \sqrt{5}\left|\cos\left(x + \frac{\alpha}{2}\right)\right| dx \iff \frac{I}{\sqrt{5}} = \int_0^{\frac{\pi}{2}} \left|\cos\left(x + \frac{\alpha}{2}\right)\right| dx$$

ここで, $x + \frac{\alpha}{2} = \theta$ とすると, $\frac{dx}{d\theta} = 1 \iff dx = d\theta$

x	$0 \to \frac{\pi}{2}$
θ	$\frac{\alpha}{2} \to \frac{\pi}{2} + \frac{\alpha}{2}$

したがって, $\frac{I}{\sqrt{5}} = \int_{\frac{\alpha}{2}}^{\frac{\pi}{2} + \frac{\alpha}{2}} |\cos\theta|\, dx = \int_{\frac{\alpha}{2}}^{\frac{\pi}{2}} \cos\theta\, dx + \int_{\frac{\pi}{2}}^{\frac{\pi}{2} + \frac{\alpha}{2}} (-\cos\theta)\, dx$

$$= \left[\sin\theta\right]_{\frac{\alpha}{2}}^{\frac{\pi}{2}} - \left[\sin\theta\right]_{\frac{\pi}{2}}^{\frac{\pi}{2} + \frac{\alpha}{2}} = 2 - \sin\frac{\alpha}{2} - \cos\frac{\alpha}{2}$$

ここで, $\sin\frac{\alpha}{2} = \sqrt{\frac{1 - \cos\alpha}{2}} = \frac{1}{\sqrt{5}},\quad \cos\frac{\alpha}{2} = \sqrt{\frac{1 + \cos\alpha}{2}} = \frac{2}{\sqrt{5}}$

よって, $\frac{I}{\sqrt{5}} = 2 - \frac{1}{\sqrt{5}} - \frac{2}{\sqrt{5}}$

$$\iff I = \mathbf{2\sqrt{5} - 3} = \boxed{\ \ \text{ア}\ \ }$$

問題 58 定積分

以下の各問いに答えなさい．

(1) $\dfrac{1}{1+\sqrt{3}\tan x} = \dfrac{\cos x}{\boxed{\text{ア}}\sin\left(x+\dfrac{\boxed{\text{イ}}}{\boxed{\text{ウ}}}\pi\right)}$ である．

ただし，$0 \leq \dfrac{\boxed{\text{イ}}}{\boxed{\text{ウ}}} \leq \dfrac{1}{2}$ とする．

(2) $\displaystyle\int_0^{\frac{\pi}{6}} \dfrac{dx}{1+\sqrt{3}\tan x} = \dfrac{1}{24}(\boxed{\text{エ}}\sqrt{\boxed{\text{オ}}}\log 3 + \boxed{\text{カ}}\pi)$ である．

解法のポイント

(1) 三角関数の合成

(2) 微分積分の循環と $\displaystyle\int \dfrac{f'(x)}{f(x)}dx = \log|f(x)| + C$

解 答

(1) $\dfrac{1}{1+\sqrt{3}\tan x}=\dfrac{1}{1+\sqrt{3}\dfrac{\sin x}{\cos x}}=\dfrac{\cos x}{\sqrt{3}\sin x+\cos x}=\dfrac{\cos x}{\underset{\text{ア}}{2}\sin\left(x+\underset{\text{イ}}{\dfrac{1}{6}}\underset{\text{ウ}}{\pi}\right)}$

(2) $I=\displaystyle\int_0^{\frac{\pi}{6}}\dfrac{dx}{1+\sqrt{3}\tan x}=\int_0^{\frac{\pi}{6}}\dfrac{\cos x}{\sqrt{3}\sin x+\cos x}\,dx$ とする.

ここで, $(\sqrt{3}\sin x+\cos x)'=\sqrt{3}\cos x-\sin x$ に着目して,

$\sqrt{3}\,I=\displaystyle\int_0^{\frac{\pi}{6}}\dfrac{\sqrt{3}\cos x}{\sqrt{3}\sin x+\cos x}\,dx,\quad J=\int_0^{\frac{\pi}{6}}\dfrac{\sin x}{\sqrt{3}\sin x+\cos x}\,dx$ とすると

$\sqrt{3}\,I-J=\displaystyle\int_0^{\frac{\pi}{6}}\dfrac{\sqrt{3}\cos x-\sin x}{\sqrt{3}\sin x+\cos x}\,dx=\int_0^{\frac{\pi}{6}}\dfrac{(\sqrt{3}\sin x+\cos x)'}{\sqrt{3}\sin x+\cos x}\,dx=\dfrac{1}{2}\log 3$

$\cdots$①

$\Big[\log(\sqrt{3}\sin x+\cos x)\Big]_0^{\frac{\pi}{6}}=\dfrac{1}{2}\log 3$

$I+\sqrt{3}\,J=\displaystyle\int_0^{\frac{\pi}{6}}\dfrac{\sqrt{3}\sin x+\cos x}{\sqrt{3}\sin x+\cos x}\,dx=\int_0^{\frac{\pi}{6}}dx=\dfrac{\pi}{6}\cdots$②

①×$\sqrt{3}$+②より,

$4I=\dfrac{\sqrt{3}}{2}\log 3+\dfrac{\pi}{6}=\dfrac{1}{6}(3\sqrt{3}\log 3+\pi)\iff I=\dfrac{1}{24}(\underset{\text{エ}}{3\sqrt{3}}\log 3+\underset{\text{オ}}{1}\underset{\text{カ}}{\pi})$

問題 59 定積分と数列

$I_n = \int_0^{\frac{\pi}{2}} (\sin^n x + \cos^n x) dx$ において，n は 0 以上の整数で偶数である．$I_0 = \boxed{①}$ であり，このとき，$I_n = \boxed{②} I_{n-2}$ となる．

解法のポイント

定積分と漸化式の公式

$J_n = \int_0^{\frac{\pi}{2}} \sin^n x\, dx$ のとき，$J_n = \dfrac{n-1}{n} J_{n-2}$

$K_n = \int_0^{\frac{\pi}{2}} \cos^n x\, dx$ のとき，$K_n = \dfrac{n-1}{n} K_{n-2}$

$$I_n = \int_0^{\frac{\pi}{2}} (\sin^n x + \cos^n x) dx = \int_0^{\frac{\pi}{2}} \sin^n x\, dx + \int_0^{\frac{\pi}{2}} \cos^n x\, dx$$

ここで，$J_n = \int_0^{\frac{\pi}{2}} \sin^n x\, dx = \dfrac{n-1}{n} J_{n-2}$

（公式暗記で攻める！）

$K_n = \int_0^{\frac{\pi}{2}} \cos^n x\, dx = \dfrac{n-1}{n} K_{n-2}$ より，

$$I_n = \dfrac{n-1}{n}(J_{n-2} + K_{n-2}) = \dfrac{n-1}{n} I_{n-2} \cdots ②$$

また，$I_0 = \int_0^{\frac{\pi}{2}} (\sin^0 x + \cos^0 x) dx = 2\int_0^{\frac{\pi}{2}} dx = 2 \cdot \dfrac{\pi}{2} = \pi \cdots ①$

解答

詳解 $J_n = \dfrac{n-1}{n} J_{n-2}$ と $K_n = \dfrac{n-1}{n} K_{n-2}$ の証明

$$J_n = \int_0^{\frac{\pi}{2}} \sin^n x \, dx = \int_0^{\frac{\pi}{2}} \sin^{n-1} x \cdot \sin x \, dx = \int_0^{\frac{\pi}{2}} \sin^{n-1} x \cdot (-\cos x)' \, dx$$

$$= \left[\sin^{n-1} x \cdot (-\cos x) \right]_0^{\frac{\pi}{2}} - \int_0^{\frac{\pi}{2}} (n-1) \sin^{n-2} x \cdot (\cos x) \cdot (-\cos x) \, dx$$

$$= (n-1) \int_0^{\frac{\pi}{2}} \sin^{n-2} x \cdot \cos^2 x \, dx = (n-1) \int_0^{\frac{\pi}{2}} \sin^{n-2} x \cdot (1 - \sin^2 x) \, dx$$

$$= (n-1) \int_0^{\frac{\pi}{2}} \sin^{n-2} x \, dx - (n-1) \int_0^{\frac{\pi}{2}} \sin^n x \, dx$$

$$= (n-1) J_{n-2} - (n-1) J_n$$

$$\iff J_n = \dfrac{n-1}{n} J_{n-2}$$

$$K_n = \int_0^{\frac{\pi}{2}} \cos^n x \, dx = \int_0^{\frac{\pi}{2}} \cos^{n-1} x \cdot \cos x \, dx = \int_0^{\frac{\pi}{2}} \cos^{n-1} x \cdot (\sin x)' \, dx$$

$$= \left[\cos^{n-1} x \cdot \sin x \right]_0^{\frac{\pi}{2}} - \int_0^{\frac{\pi}{2}} (n-1) \cos^{n-2} x \cdot (-\sin x) \cdot \sin x \, dx$$

$$= (n-1) \int_0^{\frac{\pi}{2}} \cos^{n-2} x \cdot \sin^2 x \, dx = (n-1) \int_0^{\frac{\pi}{2}} \cos^{n-2} x \cdot (1 - \cos^2 x) \, dx$$

$$= (n-1) \int_0^{\frac{\pi}{2}} \cos^{n-2} x \, dx - (n-1) \int_0^{\frac{\pi}{2}} \cos^n x \, dx$$

$$= (n-1) K_{n-2} - (n-1) K_n$$

$$\iff K_n = \dfrac{n-1}{n} K_{n-2}$$

問題 60 定積分と極限

曲線 $C: y = \dfrac{\sqrt{x}}{1+3x}$ $(x>0)$ と直線 $L_n: x = n^2$ $(n=1, 2, 3, \cdots)$ を考える．曲線 C と x 軸，および 2 直線 L_n, L_{n+1} とで囲まれた部分の面積を S_n とし，$\lim_{n\to\infty} S_n$ を求めよ．

解法のポイント

曲線概形を把握する．
① 定義域 ② 対称性 ③ 増減と極値 ④ 左右側極限 $\lim_{x\to\pm\infty} f(x)$ ⑤ 漸近線近傍 $\lim_{x\to a\pm 0} f(x)$ を調べてグラフの概形を描く．

曲線 $C: y = f(x) = \dfrac{\sqrt{x}}{1+3x}$ $(x>0)$ 〔定義域〕

$f'(x) = \dfrac{\dfrac{1}{2\sqrt{x}}(1+3x) - 3\sqrt{x}}{(1+3x)^2} = \dfrac{1-3x}{2\sqrt{x}(1+3x)^2}$

〔増減〕

x	0	$\cdots$	$\dfrac{1}{3}$	$\cdots$
f'		$+$	0	$-$
f	×	↗	$\dfrac{1}{2\sqrt{3}}$	↘

〔右側極限〕 $\lim_{x\to +\infty} f(x) = \lim_{x\to +\infty} \dfrac{\sqrt{x}}{1+3x} = 0$

よって，$x>0$ において，$f(x)>0$

$S_n = \displaystyle\int_{n^2}^{(n+1)^2} \dfrac{\sqrt{x}}{1+3x}\, dx$ $(n=1, 2, 3, \cdots)$

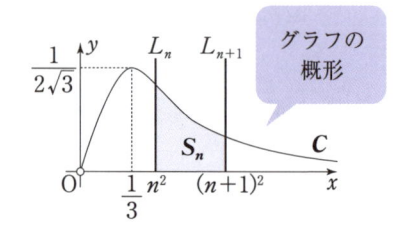

〔グラフの概形〕

解 答

ここで $\sqrt{x}=t$ とする。$\dfrac{dt}{dx}=\dfrac{1}{2\sqrt{x}} \iff dx=2t\,dt$

x	$n^2 \to (n+1)^2$
t	$n \to n+1$

$S_n=\displaystyle\int_n^{n+1}\dfrac{t}{1+3t^2}2t\,dt=\int_n^{n+1}\dfrac{2t^2}{1+3t^2}\,dt$

$=\displaystyle\int_n^{n+1}\dfrac{2}{3}\left(1-\dfrac{1}{1+3t^2}\right)dt=\dfrac{2}{3}\int_n^{n+1}dt-\dfrac{2}{3}\int_n^{n+1}\dfrac{1}{1+3t^2}\,dt$ …①

ここで，$I=\dfrac{2}{3}\displaystyle\int_n^{n+1}\dfrac{1}{1+3t^2}\,dt$ とすると，①は $S_n=\dfrac{2}{3}-I$ …②と表される．

$g(t)=\dfrac{1}{1+3t^2}>0 \ (t>0)$

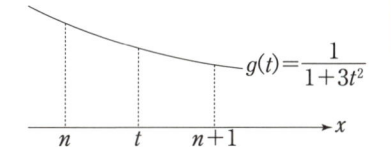

$g'(t)=\dfrac{-6t}{(1+3t^2)^2}<0 \quad \displaystyle\lim_{t\to+\infty}\dfrac{1}{1+3t^2}=0$

$g(t)$ は単調減少関数だから，$n<t<n+1$ のとき，

$\dfrac{1}{1+3(n+1)^2}\displaystyle\int_n^{n+1}dt<\int_n^{n+1}\dfrac{1}{1+3t^2}\,dt<\dfrac{1}{1+3n^2}\int_n^{n+1}dt$

$\iff \dfrac{1}{1+3(n+1)^2}<\displaystyle\int_n^{n+1}\dfrac{1}{1+3t^2}\,dt<\dfrac{1}{1+3n^2}$

ここで，$\displaystyle\lim_{n\to\infty}\dfrac{2}{3}\cdot\dfrac{1}{1+3(n+1)^2}=0, \ \lim_{n\to\infty}\dfrac{2}{3}\cdot\dfrac{1}{1+3n^2}=0$

はさみうちの原理より，$\displaystyle\lim_{n\to\infty}\dfrac{2}{3}\int_n^{n+1}\dfrac{1}{1+3t^2}\,dt=\lim_{n\to\infty}I=0$ …③

②③より，$\displaystyle\lim_{n\to\infty}S_n=\dfrac{2}{3}-\lim_{n\to\infty}I=\mathbf{\dfrac{2}{3}}$

問題 61　面積

曲線 $y=6x\cos 2x$ と $y=6x\sin x$ の交点座標は（　①　,　②　）及び（　③　,　④　）であり，この2つの曲線で囲まれた部分の面積は　⑤　である．ただし，$0 \leqq x \leqq \dfrac{\pi}{2}$ とする．

解法のポイント

定積分と面積の公式　$\displaystyle\int_{\alpha}^{\beta}\{f(x)-g(x)\}dx$

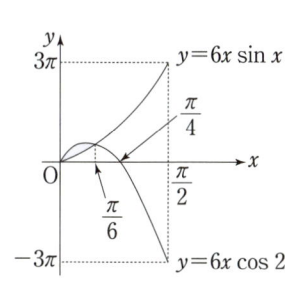

解答

$6x\sin x = 6x\cos 2x$

$\iff x(2\sin x - 1)(\sin x + 1) = 0$

ここで $0 \leq x \leq \dfrac{\pi}{2}$ より，$x = 0$, $x = \dfrac{\pi}{6}$

交点 $(0, 0) = ($ ① $,$ ② $)$

$\left(\dfrac{\pi}{6}, \dfrac{\pi}{2}\right) = ($ ③ $,$ ④ $)$

2つの曲線で囲まれた部分の面積

$S = \displaystyle\int_0^{\frac{\pi}{6}}(6x\cos 2x - 6x\sin x)dx \iff \dfrac{S}{6} = \int_0^{\frac{\pi}{6}} x(\cos 2x - \sin x)dx$

$\dfrac{S}{6} = \displaystyle\int_0^{\frac{\pi}{6}} x(\cos 2x - \sin x)dx = \left[x\left(\dfrac{\sin 2x}{2} + \cos x\right)\right]_0^{\frac{\pi}{6}} - \int_0^{\frac{\pi}{6}}\left(\dfrac{\sin 2x}{2} + \cos x\right)d$

$= \left[x\left(\dfrac{\sin 2x}{2} + \cos x\right) + \dfrac{\cos 2x}{4} - \sin x\right]_0^{\frac{\pi}{6}} = \dfrac{\pi}{6}\left(\dfrac{3\sqrt{3}}{4}\right) - \dfrac{5}{8}$

よって，$\dfrac{S}{6} = \dfrac{\pi}{6}\left(\dfrac{3\sqrt{3}}{4}\right) - \dfrac{5}{8}$

$\iff S = \dfrac{3\sqrt{3}}{4}\pi - \dfrac{15}{4} = $ ⑤

問題 62 区分求積法

$$\lim_{n\to\infty}\left(\frac{1}{n+1}+\frac{1}{n+2}+\cdots+\frac{1}{2n}\right)=\boxed{\ \ \text{ア}\ \ }\text{である．}$$

解法のポイント

区分求積法の公式

$$\lim_{n\to\infty}\frac{1}{n}\sum_{k=0}^{n-1}f\left(\frac{k}{n}\right)=\lim_{n\to\infty}\frac{1}{n}\sum_{k=1}^{n}f\left(\frac{k}{n}\right)=\int_0^1 f(x)\,dx$$

重要

❶ $\displaystyle\lim_{n\to\infty}\frac{\pi}{n}\sum_{k=1}^{n}\sin\frac{k\pi}{n}=\lim_{n\to\infty}\frac{\pi}{n}\sum_{k=1}^{n}\sin\left(\frac{\pi k}{n}\right)=\int_0^\pi \sin x\,dx=2$

❷ $\displaystyle\lim_{n\to\infty}\sum_{k=1}^{3n}\frac{1}{2n+k}=\lim_{n\to\infty}\frac{1}{n}\sum_{k=1}^{3n}\frac{1}{2+\frac{k}{n}}=\int_0^3 \frac{1}{2+x}\,dx=\log\frac{5}{2}$

❸ $\displaystyle\lim_{n\to\infty}\sum_{k=n+1}^{2n}\frac{2k+3n}{k^2+3nk+2n^2}=\lim_{n\to\infty}\frac{1}{n}\sum_{k=n+1}^{2n}\frac{2\left(\frac{k}{n}\right)+3}{\left(\frac{k}{n}\right)^2+3\frac{k}{n}+2}=\log 2$

解答

$$\lim_{n\to\infty}\left(\frac{1}{n+1}+\frac{1}{n+2}+\cdots+\frac{1}{n+n}\right)$$

$$=\lim_{n\to\infty}\sum_{k=1}^{n}\frac{1}{n+k}$$

$$=\lim_{n\to\infty}\sum_{k=1}^{n}\frac{1}{n}\left(\frac{1}{1+\frac{k}{n}}\right)$$

区分求積法の公式

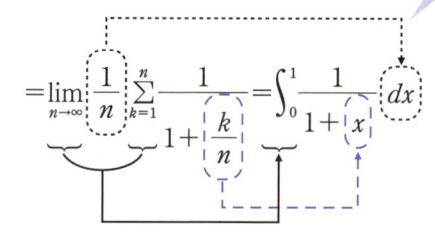

$$=\lim_{n\to\infty}\frac{1}{n}\sum_{k=1}^{n}\frac{1}{1+\frac{k}{n}}=\int_{0}^{1}\frac{1}{1+x}dx$$

$$=\Big[\log|1+x|\Big]_{1}^{0}$$

積分の公式
$\int\frac{1}{x}dx=\log|x|+\mathrm{C}$

$=\mathbf{\log 2}=\boxed{}$ ア

問題 63 非回転体の体積

次に式で与えられる底面の半径が 2, 高さ 1 の円柱 C を考える.
$$C=\{(x, y, z) | x^2+y^2 \leq 4, 0 \leq z \leq 1\}$$
xy 平面上の直線 $y=1$ を含み, xy 平面と $45°$ の角をなす平面のうち, 点 $(0, 2, 1)$ を通るものを H とする. 円 C を平面 H で二つに分けるとき, 点 $(0, 2, 0)$ を含む方の体積は ア である.

解法のポイント

横断面を考える.

図 1

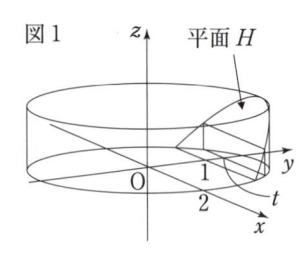

立体は
$$x^2+y^2 \leq 4, \quad 0 \leq z \leq y-1$$
で表される.（図 1 参照）

図 2

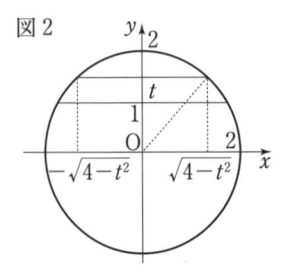

ここで平面 $y=t$ （$1 < t < 2$）で切ると断面は 2 辺の長さが $t-1$, $2\sqrt{4-t^2}$ の長方形で断面積 $S=(t-1) \cdot 2\sqrt{4-t^2}$
である.（図 2, 3 参照）

解 答

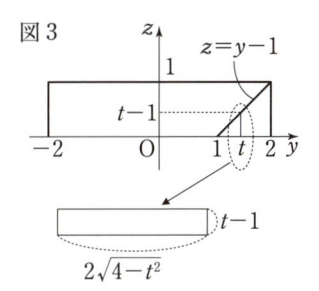

求める体積

$$V = \int_1^2 S\,dt = 2\int_1^2 (t-1)\sqrt{4-t^2}\,dt$$

$$V = \int_1^2 S\,dt = 2\int_1^2 (t-1)\sqrt{4-t^2}\,dt = \int_1^2 2t\sqrt{4-t^2}\,dt - 2\int_1^2 \sqrt{4-t^2}\,dt$$

$$= \int_1^2 \{-(4-t^2)'(4-t^2)^{\frac{1}{2}}\}dt - 2\int_1^2 \sqrt{4-t^2}\,dt$$

$$= \left[-\frac{2}{3}(4-t^2)^{\frac{3}{2}}\right]_1^2 - 2\left\{(\pi \cdot 2^2)\frac{\frac{\pi}{3}}{2\pi} - \frac{1}{2}\cdot 1 \cdot \sqrt{3}\right\}$$

$$= \frac{2}{3}(\sqrt{3})^3 - \frac{4\pi}{3} + \sqrt{3}$$

$$= 3\sqrt{3} - \frac{4\pi}{3}$$
　　ア

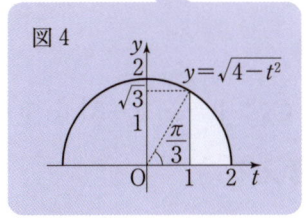

問題 64 関数の極限，面積，体積

以下 ア の解答は下の解答群から1つ選べ．

座標平面上に $y=x|x-3|+1$ で表される曲線 C がある．C は区間 $(-\infty, +\infty)$ において ア ．C と $y=1$ で表される直線 l によって囲まれた図形を，l のまわりに1回転させたときにできる立体の体積は，$\dfrac{イウ}{エオ}\pi$ である．

解答群

① 連続で微分可能である　　② 連続だが微分可能ではない
③ 不連続だが微分可能である　　④ 不連続で微分可能ではない

解法のポイント

曲線 C は曲線 $C_0: y=x|x-3|$ を y 軸方向に $+1$ 平行移動したグラフと考える．

解 答

> 曲線 C は曲線 C_0 : $y=x|x-3|$ を y 軸方向に $+1$ 平行移動したグラフ
>
> 曲線 C : $y=x|x-3|+1=\begin{cases} x(x-3)+1 & (x \geq 3) \\ -x(x-3)+1 & (x<3) \end{cases}$
>
> C と $y=1$ で表される直線 l によって囲まれた図形の面積は C_0 と x 軸で囲まれる図形の面積は等しいと考え，回転体の体積も等しいとする．

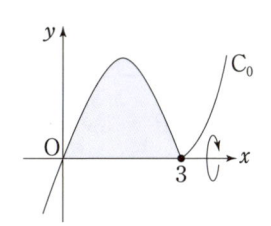

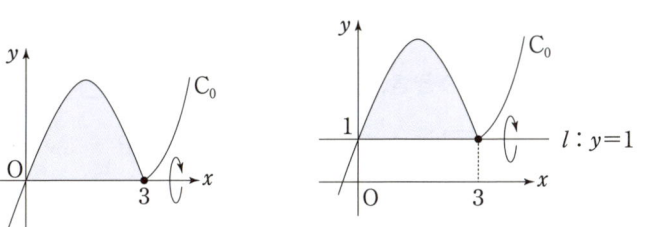

曲線 C : $y=f(x)=x|x-3|+1=\begin{cases} x(x-3)+1 & (x \geq 3) \\ -x(x-3)+1 & (x<3) \end{cases}$

$\lim_{x \to 3+0} f(x) = f(3) = 1$

$\lim_{\Delta x \to +0} \dfrac{f(3+\Delta x)-f(3)}{\Delta x} \neq \lim_{\Delta x \to -0} \dfrac{f(3+\Delta x)-f(3)}{\Delta x}$

よって，$x=3$ で連続だが可能でない　②…　ア

C と $y=1$ で囲まれた部分 $\iff$ C_0 と x 軸で囲まれた部分

$V = \int_0^3 \pi y^2 \, dx = \pi \int_0^3 \{-x(x-3)\}^2 \, dx = \pi \int_0^3 (x^4 - 6x^3 + 9x^2) \, dx$
　　　　　　　　　　　　　　　　　イウ

$= \pi \left[\dfrac{x^5}{5} - \dfrac{3x^4}{2} + 3x^3 \right]_0^3 = \dfrac{81}{10}\pi$
　　　　　　　　　　　　　　エオ

問題 65 極方程式と曲線の長さ

座標平面上に極方程式で与えられた曲線 $C: r=3e^{2\theta}$ ($\theta \geqq 0$) がある．n を与えられた正の整数，$\theta=0$，$\theta=2n\pi$ における曲線上の点を順に A，P とし，P におけるこの曲線の接線を l，l と直線 $x=3$ との交点を Q とする．このとき，接線 l の傾きは 「ア」 であり，線分 PQ の長さは 「イ」 である．一方，点 A から P までの曲線の長さは 「ウ」 である．

解法のポイント

曲線の概形を把握する．

極方程式 $r=3e^{2\theta}$ $\iff$ 直交座標 $\begin{cases} x=r\cos\theta=3e^{2\theta}\cos\theta \\ y=r\sin\theta=3e^{2\theta}\sin\theta \end{cases}$

曲線 C 上の点

$\theta=0 \iff A(3, 0)$, $\theta=\dfrac{\pi}{2} \iff (0, 3e^{\pi})$,

$\theta=\pi \iff (-3e^{2\pi}, 0)$ $\theta=\dfrac{3\pi}{2} \iff (0, -3e^{3\pi})$

$\theta=2\pi \iff (3e^{4\pi}, 0)$, $\cdots$, $\theta=2\pi n \iff P(3e^{4n\pi}, 0)$

解 答

$\dfrac{dx}{d\theta} = \dfrac{d}{d\theta}(3e^{2\theta}\cos\theta) = 3e^{2\theta}(2\cos\theta - \sin\theta)$

$\dfrac{dy}{d\theta} = \dfrac{d}{d\theta}(3e^{2\theta}\sin\theta) = 3e^{2\theta}(2\sin\theta + \cos\theta)$ より

$\dfrac{dy}{dx} = \dfrac{dy}{d\theta} \cdot \dfrac{d\theta}{dx} = \dfrac{3e^{2\theta}(2\sin\theta + \cos\theta)}{3e^{2\theta}(2\cos\theta - \sin\theta)} = \dfrac{2\sin\theta + \cos\theta}{2\cos\theta - \sin\theta}$

P における接線 l の傾きは $\theta = 2n\pi$ のときだから

接線の傾き $\boxed{\text{ア}} = \dfrac{2\sin 2n\pi + \cos 2n\pi}{2\cos 2n\pi - \sin 2n\pi} = \dfrac{1}{2}$

> 接線の傾き $\left.\dfrac{dy}{dx}\right|_{\theta=2n\pi}$

接線 $l : y = \dfrac{1}{2}(x - 3e^{4n\pi})$ となり,点 Q は接線 l と $x = 3$ の交点だから

$Q\left(3, \dfrac{3 - 3e^{4n\pi}}{2}\right)$ である.

よって,$\boxed{\text{イ}} = |\overrightarrow{PQ}| = \sqrt{(3 - 3e^{4n\pi})^2 + \left(\dfrac{3 - 3e^{4n\pi}}{2}\right)^2}$

$= \sqrt{\left(9 + \dfrac{9}{4}\right)(e^{4n\pi} - 1)^2} = \dfrac{3\sqrt{5}}{2}(e^{4n\pi} - 1)$

ここで,

$\left(\dfrac{dx}{d\theta}\right)^2 + \left(\dfrac{dy}{d\theta}\right)^2 = (3e^{2\theta})^2 \cdot 5(\sin^2\theta + \cos^2\theta) = 5(3e^{2\theta})^2$

よって

$\boxed{\text{ウ}} = \displaystyle\int_0^{2n\pi} \sqrt{\left(\dfrac{dx}{d\theta}\right)^2 + \left(\dfrac{dy}{d\theta}\right)^2}\, d\theta$

> 曲線の長さの公式
> $L = \displaystyle\int_{\theta_1}^{\theta_2} \sqrt{\left(\dfrac{dx}{d\theta}\right)^2 + \left(\dfrac{dy}{d\theta}\right)^2}\, d\theta$

$= 3\sqrt{5}\displaystyle\int_0^{2n\pi} e^{2\theta}\, d\theta = \dfrac{3\sqrt{5}}{2}\left[e^{2\theta}\right]_0^{2n\pi} = \dfrac{3\sqrt{5}}{2}(e^{4n\pi} - 1)$

問題 66 場合の数

次の ☐ をうめよ．

5個の数字 0, 1, 2, 3, 4 を使って 5 ケタの整数をつくる．ただし，1 つの数字は 1 度しか使わないとする．このような 5 桁の整数は全部で ア 個あり，そのうち 20000 より大きい奇数は イ 個ある．

解法のポイント

各桁の数字に着目して一般化．

解 答

5ケタの整数を $10000a+1000b+100c+d\cdots$① とする.

ただし, a, b, c, d は整数, $1 \leqq a \leqq 4$, $0 \leqq b \leqq 4$, $0 \leqq c \leqq 4$, $0 \leqq d \leqq 4$

問 ア   5桁の整数の個数は,最高位の数に0がつかえないこと,1つの数字は1度しか使わないことに注意すると

$(a, b, c, d, e) = (4, 4, 3, 2, 1)$ $4 \times 4 \times 3 \times 2 \times 1 =$ **96** 個

問 イ   20000より大きい奇数の個数は最高位が $2 \leqq a \leqq 4$ の整数 a で場合分けをする.

① $(2, b, c, d, 1)$ または $(2, b, c, d, 3)$ のとき,

  (b, c, d) の組合せは3! よって,この場合の数は $6 \times 2 = 12$ 通り

② $(4, b, c, d, 1)$ または $(4, b, c, d, 3)$ のときも同様 $6 \times 2 = 12$ 通り

③ $(3, b, c, d, 1)$ のとき, (b, c, d) の組合せは $3! = 6$ 通り

①〜③はすべて排反事象だから $12+12+6 =$ **30** 個

問題 67 順列

数字 1, 1, 2, 2, 3, 3, 4, 5, 6 がそれぞれ書かれた 9 枚のカードを左から一列に並べ，9 桁の自然数をつくることとする．奇数がすべて左から奇数番目にあるような異なる自然数の総数を X とする．$\dfrac{X}{40}$ の値を求めよ．

解法のポイント

重複を含む場合の順列

解答

奇数がすべて左から奇数番目にあるような異なる自然数の総数

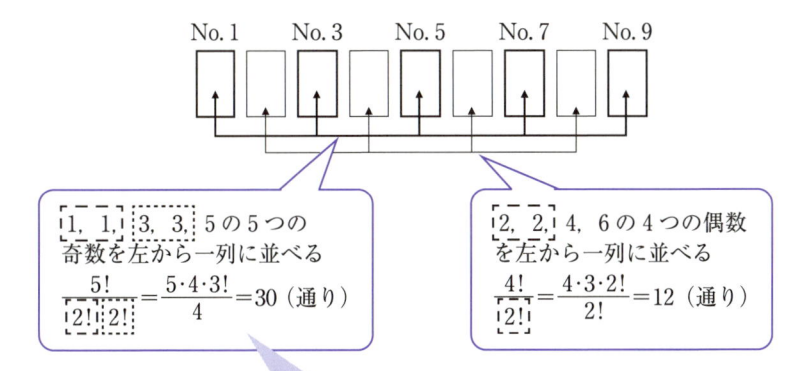

```
  No.1   No.3   No.5   No.7   No.9
  □  □  □  □  □  □  □  □  □
```

- 1, 1, 3, 3, 5 の 5 つの奇数を左から一列に並べる
$$\frac{5!}{2!\,2!} = \frac{5\cdot 4\cdot 3!}{4} = 30 \;(\text{通り})$$

- 2, 2, 4, 6 の 4 つの偶数を左から一列に並べる
$$\frac{4!}{2!} = \frac{4\cdot 3\cdot 2!}{2!} = 12 \;(\text{通り})$$

重複を含む場合の順列には気をつける！

これらは同時に起こる事象だから $X = 30 \times 12 = 360$

よって，求める値は $\dfrac{X}{40} = \dfrac{30\times 12}{40} = \mathbf{9}$

問題 68 場合の数

右の図に示した 15 個の点を頂点とする三角形は □ 個できる.

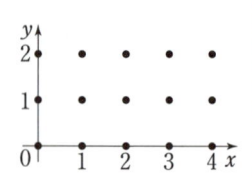

解法のポイント

余事象 "三角形ができない場合" を考える.

解 答

全事象 15個の点から3点を選ぶ組合せの数　$_{15}C_3 = \dfrac{15 \cdot 14 \cdot 13}{3 \cdot 2 \cdot 1} = 455$

余事象 三角形ができない場合は"3点が同一直線上にあるとき"

① 5点が同一直線上にあるとき，$_5C_3 \times 3 = 30$（通り）

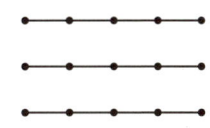

① 3点が同一直線上にあるとき，$_3C_3 \times 6 = 6$（通り）

3点が同一直線上にあるとき，$_3C_3 \times 2 = 2$（通り）

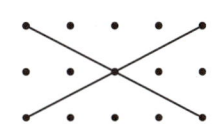

3点が同一直線上にあるとき，$_3C_3 \times 5 = 5$（通り）

すべて排反事象より，余事象は $30 + 6 + 2 + 5 = 43$

以上より，求める場合の数は $455 - 43 =$ **412**（通り）

問題 69 確率

n を 3 以上の整数とする．1 から n までの数字がひとつずつ書かれた，合計 n 個の球が袋の中にある．無造作に 3 個の球を取り出し，書かれている数を小さい順に並べたときの中央の値を X とする．X は確率変数である．

X が値 k をとる確率を求めると，$P(X=k)=\boxed{\text{ア}}$ ($k=1, 2, \cdots, n$) である．さらに，X の平均（期待値）を求めると，$E(X)=\boxed{\text{イ}}$ である．

解法のポイント

一般化された事象理解を考える．

全体事象　$_nC_3 = \dfrac{n(n-1)(n-2)}{6}$

部分事象　$_{k-1}C_1 \cdot 1 \cdot _{n-k}C_1 = (k-1)(n-k)$

$k \ (2 \leq k \leq n-1)$

○ < ○ < ○

1, 2, 3, …, $(k-1)$ の $(k-1)$ 個から 1 個選ぶ $\iff {}_{k-1}C_1$

$k+1, k+2, \cdots, n$ の $(n-k)$ 個から 1 個選ぶ $\iff {}_{n-k}C_1$

確率　$P(X=k) = \dfrac{(k-1)(n-k)}{\dfrac{n(n-1)(n-2)}{6}} = \dfrac{6(k-1)(n-k)}{n(n-1)(n-2)}$

ただし，$2 \leq k \leq n-1$

解 答

ここで, $k=1$ のとき $P(X=1)=\dfrac{6(1-1)(n-1)}{n(n-1)(n-2)}=0$

$k=n$ のとき $P(X=n)=\dfrac{6(n-1)(n-n)}{n(n-1)(n-2)}=0$

$k=1=n$ のときも ア は成立する.

よって, $P(X=k)=\dfrac{6(k-1)(n-k)}{n(n-1)(n-2)}$ … ア ただし, $1 \leqq k \leqq n$

X の期待値

$$E(X)=\sum_{k=1}^{n} k \cdot P(X=k)=\sum_{k=1}^{n} k \cdot \dfrac{6(k-1)(n-k)}{n(n-1)(n-2)}$$

$\iff \dfrac{n(n-1)(n-2)}{6}E(X)=\sum_{k=1}^{n} k(k-1)(n-k)$

$\qquad\qquad\qquad\qquad\quad =\sum_{k=1}^{n} k(k-1)\{(n+1)-(k+1)\}$

$\iff \dfrac{n(n-1)(n-2)}{6}E(X)=(n+1)\sum_{k=1}^{n} k(k-1)-\sum_{k=1}^{n}(k-1)k(k+1)$

$\iff \dfrac{n(n-1)(n-2)}{6}E(X)$

$\qquad =(n+1)\dfrac{(n-1)n(n+1)}{3}-\dfrac{(n-1)n(n+1)(n+2)}{4}$

（吹き出し）$\sum_{k=1}^{n}(k-1)k=\dfrac{(n-1)n(n+1)}{3}$

$\iff E(X)=\dfrac{n+1}{2}=$ イ

（吹き出し）$\sum_{k=1}^{n}(k-1)k(k+1)=\dfrac{(n-1)n(n+1)(n+2)}{4}$

問題 70 確率の計算

3個の袋 A, B, C がある．A には白球 4 個と赤球 1 個，B には白球 3 個と赤球 1 個，C には白球 2 個と赤玉 1 個がそれぞれ入っている．これらの袋からそれぞれ 1 個の球を取り出し，2 個以上が赤球である確率を p とする．$30p$ の値を求めよ．

解法のポイント

1 回の試行について理解する．

解 答

┌── 1回試行あたり，各袋から赤球，または白球が1個出る確率 ──┐

袋A	袋B	袋C
白球4個 / 赤球1個	白球3個 / 赤球1個	白球2個 / 赤球1個
白球を取り出す確率 $\dfrac{4}{5}$	白球を取り出す確率 $\dfrac{3}{4}$	白球を取り出す確率 $\dfrac{2}{3}$
赤球を取り出す確率 $\dfrac{1}{5}$	赤球を取り出す確率 $\dfrac{1}{4}$	赤球を取り出す確率 $\dfrac{1}{3}$

(i) 白球が1個，赤球が2個

ここではA，B，Cの袋から取り出した球の色を（赤，赤，白）と表す．

（赤，赤，白）（白，赤，赤）（赤，白，赤）

$$\left(\frac{1}{5}\times\frac{1}{4}\times\frac{2}{3}\right)+\left(\frac{4}{5}\times\frac{1}{4}\times\frac{1}{3}\right)+\left(\frac{1}{5}\times\frac{3}{4}\times\frac{1}{3}\right)=\frac{9}{60}$$

(ii) 赤球が3個（赤，赤，赤） $\dfrac{1}{5}\times\dfrac{1}{4}\times\dfrac{1}{3}=\dfrac{1}{60}$

よって，各袋からそれぞれ1個の球を取り出し，2個以上が赤球である確率

$$p=\frac{9}{60}+\frac{1}{60}=\frac{1}{6} \quad \text{以上より求める値} \ 30p=\mathbf{5}$$

問題 71 確率の計算

白玉3個，赤玉3個，黒玉4個を袋の中に入れ，この袋の中から同時に3個取り出すとき，取り出した玉の色が2種類となる確率は，$\dfrac{\boxed{アイ}}{\boxed{ウエ}}$ である．

解法のポイント

余事象"玉の色が1種類または3種類となる場合"を考える．

解答

全体事象　$_{3+3+4}C_3 = \dfrac{10\cdot 9\cdot 8}{3\cdot 2\cdot 1} = 120$（通り）

部分事象　取り出した玉の色が2種類となる場合

余事象　玉の色が1種類または3種類の場合

> 余事象はしっかり場合分けをして求める．事象理解が大切！

玉の色が1種類の場合（すべて白，または赤，または黒）

$_3C_3 + {}_3C_3 + {}_4C_3 = 1+1+4 = 6$（通り）

玉の色が3種類の場合（白，赤，黒各1個ずつ）

$_3C_1 \times {}_3C_1 \times {}_4C_1 = 3\times 3\times 4 = 36$（通り）

余事象は $6+36=42$（通り）

よって，取り出した玉の色が2種類となる確率

$$p = 1 - \dfrac{42}{120} = 1 - \dfrac{7}{20} = \mathbf{\dfrac{13}{20}} = \dfrac{\boxed{アイ}}{\boxed{ウエ}}$$

問題 72 確率の計算

次の ☐ に当てはまる数値，または式を求めよ．

右図のように，正六角形の各頂点に 1 から 6 までの番号をつける．さいころを 3 個振って出た目の番号を線分で結ぶ．もし，3 個とも同じ目であれば点が，2 個同じ目であれば線分ができ，3 個とも異なる目であれば三角形ができるものとする．このとき正六角形と少なくとも 1 辺を共有する三角形ができる確率は ☐ である．

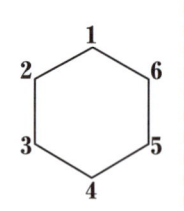

解法のポイント

余事象と部分事象の場合分けを考える．

解 答

全体事象 $6\cdot6\cdot6=\mathbf{6^3}$（通り）

部分事象…正六角形と少なくとも 1 辺を共有する三角形ができる場合

(i) 1 辺のみを共有する三角形ができる場合

(ii) 2 辺を共有する三角形ができる場合

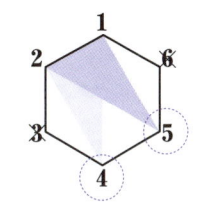

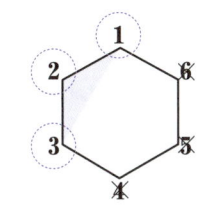

1 辺当たり 2 通りの三角形，6 辺について考えると 2×6（通り）

選んだ点の並び方 $3!=6$（通り）

よって，$2\times6\times6=2\times6^2$（通り）

2 辺共有する三角形は 1×6（通り）

選んだ点の並び方 $3!=6$（通り）

よって，$1\times6\times6=6^2$（通り）

(i)，(ii)は排反事象だから $2\times6^2+6^2=\mathbf{3\times6^2}$（通り）

求める確率は $\dfrac{3\times6^2}{6^3}=\dfrac{\mathbf{1}}{\mathbf{2}}$

問題 73 確率

さいころを n 回投げるとき，少なくとも 1 回 6 の目が出る確率は $\boxed{\text{ア}}$ である．$\boxed{\text{ア}} \geqq 0.9$ となる最小の n は $\boxed{\text{イ}}$ である．

ただし，$\log_{10} 2 = 0.3010$，$\log_{10} 3 = 0.4771$ を用いてもよい．

解法のポイント

試行 1 回あたりの確率を把握する．

解 答

さいころを 1 回投げるとき，6 の目が出る確率 $\dfrac{1}{6}$

それ以外の目が出る確率 $\dfrac{5}{6}$

"n 回試行中，少なくとも 1 回 6 の目が出る確率" の余事象確率は "n 回すべて 6 の目以外が出る確率 $\left(\dfrac{5}{6}\right)^n$"

よって，n 回投げるとき，少なくとも 1 回 6 の目が出る確率

$$1-\left(\dfrac{5}{6}\right)^n = \boxed{\text{ア}}$$

$1-\left(\dfrac{5}{6}\right)^n \geqq 0.9 \iff \left(\dfrac{5}{6}\right)^n \leqq 0.1 \iff \left(\dfrac{10}{2^2 \cdot 3}\right)^n \leqq 10^{-1}$

$\log_{10}\left(\dfrac{10}{2^2 \cdot 3}\right)^n \leqq \log_{10} 10^{-1}$

$\iff n(\log_{10} 10 - 2\log_{10} 2 - \log_{10} 3) \leqq -1$

$\iff n(1 - 2\times 0.3010 - 0.4771) \leqq -1$

$\iff n \geqq \dfrac{1}{0.0791} = 12.6$

よって，$n \geqq 13 = \boxed{\text{イ}}$

問題 74 二項定理

$$_nC_1 + {}_nC_2 + \cdots + {}_nC_n = \boxed{\text{ア}}$$

解法のポイント

二項定理の利用

$$(1+x)^n = {}_nC_0 1^n x^0 + {}_nC_1 1^{n-1} x^1 + \cdots + {}_nC_n 1^0 x^n$$

重要

❶ $(a+b)^n$ の展開式の一般項

$${}_nC_r a^{n-r} b^r \quad (ただし,\ 0 \leqq r \leqq n)$$

❷ $(a+b+c)^n$ の展開式の一般項

$$\frac{n!}{p!q!r!} \cdot a^p b^q c^r \qquad 但し,\ \begin{cases} p \geqq 0,\ q \geqq 0,\ r \geqq 0 \\ p,\ q,\ r は整数 \\ p+q+r = n \end{cases}$$

解 答

$x=1$ のとき，

$$2^n = {}_nC_0 + {}_nC_1 + {}_nC_2 + \cdots + {}_nC_n$$

ここで，${}_nC_0 = 1$ より

> 二項定理の公式暗記が即解のキーとなる！

$$2^n = 1 + {}_nC_1 + {}_nC_2 + \cdots + {}_nC_n$$

$$\iff {}_nC_1 + {}_nC_2 + \cdots + {}_nC_n = \mathbf{2^n - 1} = \boxed{\text{ア}}$$

問題 75 二項定理

不等式 $\sum_{r=1}^{n}(5r-1){}_n\mathrm{C}_r\left(\dfrac{5}{6}\right)^r\left(\dfrac{1}{6}\right)^{n-r} > 999$

を満たす最小の自然数 n の値は $n=\boxed{\text{アイウ}}$ である．

解法のポイント

二項定理の公式

$$\sum_{r=1}^{n}(5r-1){}_n\mathrm{C}_r\left(\dfrac{5}{6}\right)^r\left(\dfrac{1}{6}\right)^{n-r}=5\boxed{\sum_{r=1}^{n}r\,{}_n\mathrm{C}_r\left(\dfrac{5}{6}\right)^r\left(\dfrac{1}{6}\right)^{n-r}}-\boxed{\sum_{r=1}^{n}{}_n\mathrm{C}_r\left(\dfrac{5}{6}\right)^r\left(\dfrac{1}{6}\right)^{n-r}} \quad (*)$$

$(*)$ の右辺の第2式について

$$\boxed{\sum_{r=1}^{n}{}_n\mathrm{C}_r\left(\dfrac{5}{6}\right)^r\left(\dfrac{1}{6}\right)^{n-r}}=\underbrace{\sum_{r=0}^{n}{}_n\mathrm{C}_r\left(\dfrac{5}{6}\right)^r\left(\dfrac{1}{6}\right)^{n-r}}_{0\leqq r\leqq n}-\underbrace{{}_n\mathrm{C}_0\left(\dfrac{5}{6}\right)^0\left(\dfrac{1}{6}\right)^n}_{r=0}$$

$$=\left\{\left(\dfrac{5}{6}\right)+\left(\dfrac{1}{6}\right)\right\}^n-\left(\dfrac{1}{6}\right)^n=\boxed{1-\left(\dfrac{1}{6}\right)^n}$$

$(*)$ の右辺の第1式について

$$\boxed{\sum_{r=1}^{n}r\,{}_n\mathrm{C}_r\left(\dfrac{5}{6}\right)^r\left(\dfrac{1}{6}\right)^{n-r}}=\sum_{r=1}^{n}r\dfrac{n!}{(n-r)!\,r!}\left(\dfrac{5}{6}\right)^r\left(\dfrac{1}{6}\right)^{n-r}$$

$$=\sum_{r=1}^{n}\cancel{r}\cdot\dfrac{n(n-1)!}{(n-r)!\cancel{r}(r-1)!}\left(\dfrac{5}{6}\right)^r\left(\dfrac{1}{6}\right)^{n-r}$$

解答

$$= n\sum_{r=1}^{n} \frac{(n-1)!}{(n-r)!(r-1)!}\left(\frac{5}{6}\right)\left(\frac{5}{6}\right)^{r-1}\left(\frac{1}{6}\right)^{n-1-(r-1)}$$

$(n-r)! = \{(n-1)-(r-1)\}!$

$$= n\sum_{r=1}^{n} \frac{(n-1)!}{((n-1)-(r-1))!(r-1)!}\left(\frac{5}{6}\right)^{r-1}\left(\frac{1}{6}\right)^{(n-1)-(r-1)}\cdot\left(\frac{5}{6}\right)$$

$$= n\sum_{r=1}^{n} {}_{n-1}C_{r-1}\left(\frac{5}{6}\right)^{r-1}\left(\frac{1}{6}\right)^{(n-1)-(r-1)}\cdot\left(\frac{5}{6}\right)$$

$$= n\sum_{r=1}^{n-1} {}_{n-1}C_{r-1}\left(\frac{5}{6}\right)^{r-1}\left(\frac{1}{6}\right)^{(n-1)-(r-1)}\cdot\left(\frac{5}{6}\right) + n\left(\frac{5}{6}\right)^{n}$$

$$= n\left\{\left(\frac{5}{6}\right)+\left(\frac{1}{6}\right)\right\}^{n-1}\cdot\left(\frac{5}{6}\right) = \left(\frac{5}{6}\right)n$$

$$\sum_{r=1}^{n}(5r-1)\,{}_{n}C_{r}\left(\frac{5}{6}\right)^{r}\left(\frac{1}{6}\right)^{n-r} = 5\left(\frac{5}{6}\right)n - \left\{1-\left(\frac{1}{6}\right)^{n}\right\} > 999$$

$$\iff \frac{25}{6}n + \left(\frac{1}{6}\right)^{n} > 1000$$

ここで,n が大きくなると $\dfrac{25}{6}n \gg \left(\dfrac{1}{6}\right)^{n}$

$n=239$ のとき,$\dfrac{25}{6}\cdot 239 + \left(\dfrac{1}{6}\right)^{239} < 1000$

$n=240$ のとき,$\dfrac{25}{6}\cdot 240 + \left(\dfrac{1}{6}\right)^{240} > 1000$

よって,条件を満たす $\min\{n\} = \underset{\text{アイウ}}{\mathbf{240}}$

問題 76 必要十分条件

　ア　の解答は下の解答群から一つ選べ．

　図の斜線部分が表す領域を A とする．ただし，境界線は A に含まれない．

　点 $P(x, y)$ が領域 A 内の点であることは，$(x-y+1)(2x+y-2)>0$ であるための　ア　である．

　ア　の解答群

① 必要条件　② 十分条件　③ 必要十分条件

④ ①～③のいずれでもない

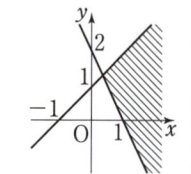

解法のポイント

必要十分条件は命題理解

命題「p ならば q」が真であるとき

① p は q であるための十分条件 $\iff$ 集合『$P \subset Q$』

② q は p であるための必要条件 $\iff$ 集合『$Q \subset P$』

解 答

命題　仮定部「点 $P(x, y)$ が領域 A 内の点であること」

結論部「$(x-y+1)(2x+y-2) > 0$ であること」と考える

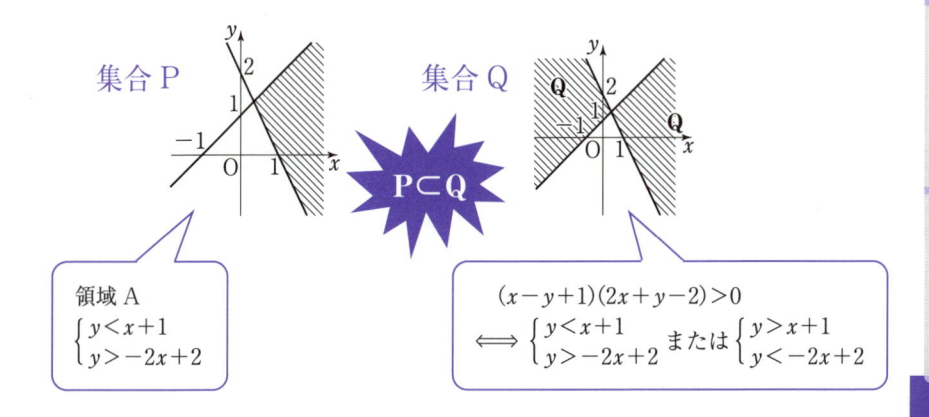

集合 P

集合 Q

$P \subset Q$

領域 A
$\begin{cases} y < x+1 \\ y > -2x+2 \end{cases}$

$(x-y+1)(2x+y-2) > 0$
$\iff \begin{cases} y < x+1 \\ y > -2x+2 \end{cases}$ または $\begin{cases} y > x+1 \\ y < -2x+2 \end{cases}$

題意より，点 $P(x, y)$ が領域 A 内の点であることは，

$(x-y+1)(2x+y-2) > 0$ であるための ②　である．
　　　　　　　　　　　　　　　　　　　ア

問題 77 平面図形の性質

$a = 2x-3$, $b = x^2-2x$, $c = x^2-x+1$ が，三角形の 3 辺であるとき，実数 x の値の範囲は（　　）である．

解法のポイント

三角不等式

重要

三角形の形成条件

$a > 0$, $b > 0$, $c > 0$

$|b-c| < a < b+c$, $|c-a| < b < c+a$, $|a-b| < c < a+b$

a, b, c が三角形の辺の長さのとなる条件は

$$\left.\begin{array}{l}a > 0 \iff 2x-3 > 0 \iff x > \dfrac{3}{2} \\[6pt] b > 0 \iff x^2-2x > 0 \iff x < 0,\ x > 2 \\[6pt] c > 0 \iff x^2-x+1 = \left(x-\dfrac{1}{2}\right)^2 + \dfrac{3}{4} > 0 \quad \text{は明らか}\end{array}\right\} x > 2 \cdots ①$$

解答

$a < b+c \iff 2x-3 < (x^2-2x)+(x^2-x+1)$

$\iff 0 < 2x^2-5x+4 = 2\left(x-\dfrac{5}{4}\right)^2+\dfrac{7}{8}$ は明らか

$b < c+a \iff x^2-2x < (x^2-x+1)+(2x-3)$

$\iff 0 < 3x-2 \iff x > \dfrac{2}{3}$

$c < a+b \iff x^2-x+1 < (2x-3)+(x^2-2x)$

$\iff 0 < x-4 \iff x > 4$

$\Bigg\} x > 4 \cdots ②$

①,②を同時に満たす範囲は,$x > 4$

問題 78 平面図形の性質

右の図において，直線 AB は円 O，O′ にそれぞれ点 A，B で接していて，直線 PQ は円 O，O′ にそれぞれ点 P，Q で接している．直線 AB と直線 PQ の交点を R とする．円 O，O′ の半径をそれぞれ r，r' とする．ただし，$r > r'$ である．中心 O，O′ の間の距離が 7 で AB=5，PQ=3 であるとき，r，r' の大きさは $r=$ 〔 ア 〕，$r'=$ 〔 イ 〕 であり，線分 AR の長さは AR= 〔 ウ 〕 である．

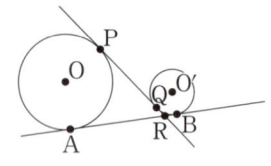

解法のポイント

共通外接線と共通内接線

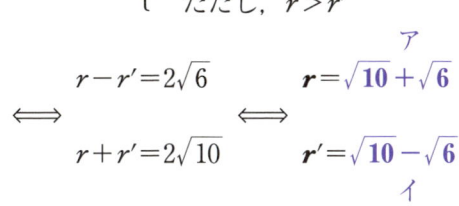

解 答

右図より，$\begin{cases} 7^2 = 5^2 + (r-r')^2 \\ 7^2 = 3^2 + (r+r')^2 \\ \text{ただし，} r > r' \end{cases}$

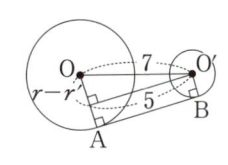

$\iff \begin{aligned} r - r' &= 2\sqrt{6} \\ r + r' &= 2\sqrt{10} \end{aligned} \iff \begin{aligned} \boldsymbol{r} &= \sqrt{10} + \sqrt{6} \quad \text{ア} \\ \boldsymbol{r'} &= \sqrt{10} - \sqrt{6} \quad \text{イ} \end{aligned}$

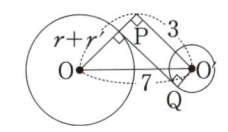

円と 2 接線の関係から

$AR = PR = a > 0, \ BR = QR = b > 0$

とすると

$AB = AR + RB = 5 \iff a + b = 5$
$PQ = PR - QR = 3 \iff a - b = 3$ $\Big\} \begin{aligned} a &= 4 \\ b &= 1 \end{aligned}$

よって，$\boldsymbol{AR} = 4$ ウ

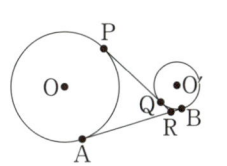

問題 79 ベクトルの内積と平面図形への応用

$|\vec{a}|=3$, $|\vec{b}|=2$, $|\vec{a}-2\vec{b}|=3$ のとき, $|2\vec{a}+\vec{b}|=$ □ア である.

解法のポイント

内積の公式 $|\vec{a}|^2 = \vec{a}\cdot\vec{a}$

重 要

❶ $\overrightarrow{OA}\neq\vec{0}$, $\overrightarrow{OB}\neq\vec{0}$, $0\leq\theta\leq 180°$ のとき,

$\overrightarrow{OA}\cdot\overrightarrow{OB}=|\overrightarrow{OA}||\overrightarrow{OB}|\cos\theta$

❷ $\overrightarrow{OA}=(a_1, a_2)$, $\overrightarrow{OB}=(b_1, b_2)$ のとき,

$\overrightarrow{OA}\cdot\overrightarrow{OB}=a_1b_1+a_2b_2$

❸ $\overrightarrow{OA}=(a_1, a_2, a_3)$, $\overrightarrow{OB}=(b_1, b_2, b_3)$ のとき,

$\overrightarrow{OA}\cdot\overrightarrow{OB}=a_1b_1+a_2b_2+a_3b_3$

❹ $\overrightarrow{OA}\neq\vec{0}$, $\overrightarrow{OB}\neq\vec{0}$, $\overrightarrow{AB}\neq\vec{0}$ のとき,

$\overrightarrow{OA}\cdot\overrightarrow{OB}=\dfrac{|\overrightarrow{OA}|^2+|\overrightarrow{OB}|^2-|\overrightarrow{AB}|^2}{2}$

解 答

$|\vec{a}|^2=9$, $|\vec{b}|^2=4$

$|\vec{a}-2\vec{b}|^2=3^2 \iff (\vec{a}-2\vec{b})\cdot(\vec{a}-2\vec{b})=9$

$\iff |\vec{a}|^2+4|\vec{b}|^2-4\vec{a}\cdot\vec{b}=9$

$\iff 9+4\cdot 4-4\vec{a}\cdot\vec{b}=9$

$\iff \vec{a}\cdot\vec{b}=4$

> 条件でしっかり準備をしておきましょう！

$|2\vec{a}+\vec{b}|^2=(2\vec{a}+\vec{b})\cdot(2\vec{a}+\vec{b})$

$=4\vec{a}\cdot\vec{a}+\vec{b}\cdot\vec{b}+4\vec{a}\cdot\vec{b}$

$=4\times 9+4+4\times 4$

$=4\times 14$

ここで, $|2\vec{a}+\vec{b}|\geqq 0$ より,

$|2\vec{a}+\vec{b}|=2\sqrt{14}=\boxed{\text{ア}}$

問題 80 ベクトルの平面図形への応用

$a>0$, $b>0$ とし，xy 平面上に 3 点 O$(0, 0)$，A$(a, 0)$，B(b, b) をとる．線分 AB を $1:4$ に内分する点を C，線分 OB を $1:6$ に内分する点を D とし，線分 OC と線分 AD の交点を E とする．点 E の y 座標は $\dfrac{\boxed{ア}}{\boxed{イウ}}$ である．

解法のポイント

メネラウス定理を利用する．

解答

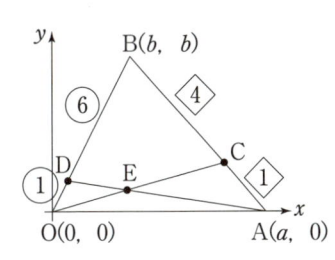

三角形 OBA に於いて，メネラウスの定理より，

$$\frac{\mathrm{OD}}{\mathrm{DB}} \cdot \frac{\mathrm{BA}}{\mathrm{AC}} \cdot \frac{\mathrm{EC}}{\mathrm{OE}} = 1$$

$$\iff \frac{1}{6} \cdot \frac{5}{1} \cdot \frac{\mathrm{EC}}{\mathrm{OE}} = 1 \iff 5\mathrm{EC} = 6\mathrm{OE}$$

$$\iff \mathrm{OE} : \mathrm{EC} = 5 : 6$$

$\overrightarrow{\mathrm{OE}} = \dfrac{5}{5+6} \overrightarrow{\mathrm{OC}}$，ここで，点 C は AB を $1:4$ に内分する点だから

$$\overrightarrow{\mathrm{OC}} = \frac{4 \cdot \overrightarrow{\mathrm{OA}} + 1 \cdot \overrightarrow{\mathrm{OB}}}{1+4} = \frac{4}{5}\overrightarrow{\mathrm{OA}} + \frac{1}{5}\overrightarrow{\mathrm{OB}} = \frac{4}{5}\begin{pmatrix} a \\ 0 \end{pmatrix} + \frac{1}{5}\begin{pmatrix} b \\ b \end{pmatrix} = \begin{pmatrix} \dfrac{4a+b}{5} \\ \dfrac{b}{5} \end{pmatrix}$$

$$\overrightarrow{\mathrm{OE}} = \frac{5}{11}\begin{pmatrix} \dfrac{4a+b}{5} \\ \dfrac{b}{5} \end{pmatrix} = \begin{pmatrix} \dfrac{4a+b}{11} \\ \dfrac{b}{11} \end{pmatrix}$$

点 E の y 座標は $\dfrac{b}{11} = \dfrac{\boxed{ア}}{\boxed{イウ}}$

問題 81 ベクトルの成分と平面図形への応用

xy 平面上に 3 点 $(-2, 0)$, $(4, 6)$, $(2, -4)$ がある．この 3 点を頂点とする平行四辺形の残りの 1 頂点となり得る点は，y 座標が大きい方から順に（ ア ， イウ ），（ エ ， オ ），（ カキ ， クケコ ）である．

解法のポイント

平行四辺形の性質をベクトルとして捉える．
$\overrightarrow{AP_1} = \overrightarrow{BC}$, $\overrightarrow{BP_3} = \overrightarrow{CA}$, $\overrightarrow{CP_2} = \overrightarrow{AB}$

解 答

平行四辺形の残りの 1 頂点を P_1, P_2, P_3 とする.

$\overrightarrow{AP_1}=\overrightarrow{BC} \iff \overrightarrow{OP_1}=\overrightarrow{OA}+\overrightarrow{OC}-\overrightarrow{OB}$,

$$\overrightarrow{OP_1}=\begin{pmatrix}-2\\0\end{pmatrix}+\begin{pmatrix}2\\-4\end{pmatrix}-\begin{pmatrix}4\\6\end{pmatrix}=\begin{pmatrix}-4\\-10\end{pmatrix}$$

よって,　$P_1(-4, -10)=(\boxed{\text{カキ}}, \boxed{\text{クケコ}})$

$\overrightarrow{CP_2}=\overrightarrow{AB} \iff \overrightarrow{OP_2}=\overrightarrow{OC}+\overrightarrow{OB}-\overrightarrow{OA}$

$$\overrightarrow{OP_2}=\begin{pmatrix}2\\-4\end{pmatrix}+\begin{pmatrix}4\\6\end{pmatrix}-\begin{pmatrix}-2\\0\end{pmatrix}=\begin{pmatrix}8\\2\end{pmatrix}$$

よって,　$P_2(8, 2)=(\boxed{\text{エ}}, \boxed{\text{オ}})$

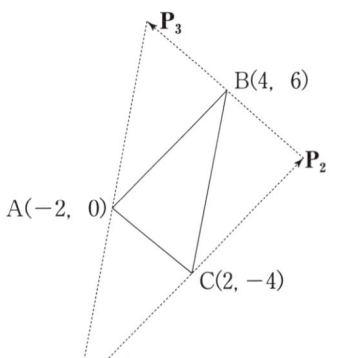

$\overrightarrow{BP_3}=\overrightarrow{CA} \iff \overrightarrow{OP_3}=\overrightarrow{OB}+\overrightarrow{OA}-\overrightarrow{OC}$

$$\overrightarrow{OP_3}=\begin{pmatrix}4\\6\end{pmatrix}+\begin{pmatrix}-2\\0\end{pmatrix}-\begin{pmatrix}2\\-4\end{pmatrix}=\begin{pmatrix}0\\10\end{pmatrix}$$

よって,　$P_3(0, 10)=(\boxed{\text{ア}}, \boxed{\text{イウ}})$

問題 82 ベクトルの内積と平面図形への応用

次の􄰀􄰀􄰀􄰀􄰀􄰀􄰀􄰀をうめよ．

三角形 OAB において，OA の中点を M，OB を $1:3$ に内分する点を L とし，線分 BM と AL の交点を P とする．$\overrightarrow{OA}=\vec{a}$，$\overrightarrow{OB}=\vec{b}$ とおくとき，$\overrightarrow{OP}$ を $\vec{a}$，$\vec{b}$，を用いて表すと，$\overrightarrow{OP}=$ ア である．さらに，$|\vec{a}|=\dfrac{1}{3}$，$|\vec{b}|=2$，$\angle AOB=\dfrac{\pi}{3}$ であるとき，$|\overrightarrow{OP}|=$ イ である．

解法のポイント

メネラウスの定理を利用する．

解答

メネラウスの定理より，

$$\frac{BL}{LO} \times \frac{OA}{AM} \times \frac{MP}{PB} = 1$$

$$\iff \frac{3}{1} \times \frac{2}{1} \times \frac{MP}{PB} = 1$$

$$\iff MP : PB = 1 : 6$$

点Pは線分MBを$1:6$に内分するから

$$\overrightarrow{OP} = \frac{6 \cdot \overrightarrow{OM} + 1 \cdot \overrightarrow{OB}}{1+6} = \frac{6 \cdot \dfrac{\overrightarrow{OA}}{2} + 1 \cdot \overrightarrow{OB}}{1+6}$$

$$\iff \boldsymbol{\overrightarrow{OP} = \frac{3}{7}\overrightarrow{OA} + \frac{1}{7}\overrightarrow{OB}} \cdots \boxed{\text{ア}}$$

$$|\overrightarrow{OP}|^2 = \left|\frac{3}{7}\overrightarrow{OA} + \frac{1}{7}\overrightarrow{OB}\right|^2 = \frac{1}{7^2}|3\overrightarrow{OA} + \overrightarrow{OB}|^2$$

$$= \frac{1}{7^2}(9|\overrightarrow{OA}|^2 + |\overrightarrow{OB}|^2 + 6\overrightarrow{OA} \cdot \overrightarrow{OB})$$

ここで，$\overrightarrow{OA} \cdot \overrightarrow{OB} = |\overrightarrow{OA}| \cdot |\overrightarrow{OB}| \cdot \cos \angle AOB = \frac{1}{3} \cdot 2 \cdot \cos \frac{\pi}{3} = \frac{1}{3}$

$$|\overrightarrow{OP}|^2 = \frac{1}{7^2}\left(9 \cdot \frac{1}{9} + 4 + 6 \cdot \frac{1}{3}\right) = \frac{7}{7^2}$$

ここで，$|\overrightarrow{OP}| > 0$ より，$\boldsymbol{|\overrightarrow{OP}| = \dfrac{\sqrt{7}}{7}} \cdots \boxed{\text{イ}}$

問題 83 ベクトルの外積と空間図形への応用

2つのベクトル $\vec{a}=(1,\ 1,\ 1)$, $\vec{b}=(-3,\ 1,\ 3)$ に垂直なベクトルのうち，$|\vec{c}|=7$ となるものは $\vec{c}=\boxed{\ \ \text{ア}\ \ }$ である．

解法のポイント

外積の公式

解答

$\vec{a}=(a_1,\ a_2,\ a_3),\ \vec{b}=(b_1,\ b_2,\ b_3)$ において
$\vec{a}\perp\vec{n}$ かつ $\vec{b}\perp\vec{n}$ のとき,
$\vec{n}=(a_2b_3-a_3b_2,\ a_3b_1-a_1b_3,\ a_1b_2-a_2b_1)$

$\vec{a}=(1,\ 1,\ 1),\ \vec{b}=(-3,\ 1,\ 3)$ に垂直なベクトル $\vec{n}$ とする.

$\vec{a}=(\boxed{1},\ 1,\ 1)$
$\vec{b}=(\boxed{-3},\ 1,\ 3)$

$\underbrace{1-(-3)}_{z\ 成分}$ $\underbrace{3-1}_{x\ 成分}$ $\underbrace{-3-3}_{y\ 成分}$

$\vec{n}=(2,\ -6,\ 4)\implies \vec{n}=\pm 2\begin{pmatrix}1\\-3\\2\end{pmatrix}$ より, $|\vec{n}|=2\sqrt{1^2+(-3)^2+2^2}=2\sqrt{14}$

ここで, 求めるベクトルは $|\vec{c}|=7$ だから, $\vec{c}=\dfrac{7}{2\sqrt{14}}\vec{n}=\dfrac{\sqrt{14}}{4}\vec{n}$

$\vec{c}=\dfrac{\sqrt{14}}{4}\left\{\pm 2\begin{pmatrix}1\\-3\\2\end{pmatrix}\right\}=\begin{pmatrix}\pm\dfrac{\sqrt{14}}{2}\\[4pt]\mp\dfrac{3\sqrt{14}}{2}\\[4pt]\pm\sqrt{14}\end{pmatrix}$

$=\left(\pm\dfrac{\sqrt{14}}{2},\ \mp\dfrac{3\sqrt{14}}{2},\ \pm\sqrt{14}\right)=\boxed{\ \ ア\ \ }$

（複号同順）

問題 84 ベクトルの外積と空間図形への応用

座標空間内に3点 A(3, 2, 3), B(1, 3, 3), C(1, 2, 1) がある.

(1) $\cos \angle \text{BAC} = \dfrac{\sqrt{\boxed{アイ}}}{\boxed{ウ}}$ である.

(2) $\triangle \text{ABC}$ の面積は $\sqrt{\boxed{エ}}$ である.

(3) 3点, A, B, C が定める平面 α に, 原点 O から下ろした垂線を OH とすると, H の座標は $\left(\dfrac{\boxed{オ}}{\boxed{カ}}, \dfrac{\boxed{キ}}{\boxed{ク}}, \dfrac{\boxed{ケコ}}{\boxed{サ}} \right)$ である.

解法のポイント

(2)は面積の公式, (3)は外積の公式を利用する.

$\overrightarrow{\text{AB}} = \begin{pmatrix} -2 \\ 1 \\ 0 \end{pmatrix}$, $\overrightarrow{\text{AC}} = \begin{pmatrix} -2 \\ 0 \\ -2 \end{pmatrix}$, $\overrightarrow{\text{AB}} \cdot \overrightarrow{\text{AC}} = 4+0+0 = 4$ より,

(1) $\cos \angle \text{BAC} = \dfrac{\overrightarrow{\text{AB}} \cdot \overrightarrow{\text{AC}}}{|\overrightarrow{\text{AB}}||\overrightarrow{\text{AC}}|} = \dfrac{4}{\sqrt{5} \cdot 2\sqrt{2}} = \dfrac{\sqrt{10}}{5} = \dfrac{\sqrt{\boxed{アイ}}}{\boxed{ウ}}$

解答

(2) 面積 $S = \dfrac{\sqrt{(|\overrightarrow{AB}||\overrightarrow{AC}|)^2 - (\overrightarrow{AB}\cdot\overrightarrow{AC})^2}}{2} = \dfrac{\sqrt{5\cdot 4\cdot 2 - 4^2}}{2} = \dfrac{2\sqrt{6}}{2}$

$\qquad\qquad = \sqrt{6} = \sqrt{\boxed{\text{エ}}}$

(3) $\Longrightarrow \overrightarrow{AB}\times\overrightarrow{AC} = \begin{pmatrix} -2 \\ -4 \\ 2 \end{pmatrix} = -2\begin{pmatrix} 1 \\ 2 \\ -1 \end{pmatrix} = \vec{n}$ とする.

$\begin{array}{cccc} -2 & 1 & 0 & -2 \\ -2 & 0 & -2 & -2 \end{array}$

$\underbrace{}_{z\,成分}\underbrace{}_{x\,成分}\underbrace{}_{y\,成分}$

$\overrightarrow{OH} = \begin{pmatrix} x \\ y \\ z \end{pmatrix}$ とすると, $\overrightarrow{OH}/\!/\vec{n} \iff \overrightarrow{OH} = k\vec{n} = t\begin{pmatrix} 1 \\ 2 \\ -1 \end{pmatrix} \iff \begin{cases} x = t \\ y = 2t \\ z = -t \end{cases}$

$\qquad\qquad\qquad\qquad\qquad\qquad\qquad\qquad\qquad\qquad\qquad\cdots ①$

また, $\overrightarrow{HA} \perp \vec{n} \iff \overrightarrow{HA}\cdot\vec{n} = \begin{pmatrix} x-1 \\ y-2 \\ z-3 \end{pmatrix}\cdot\begin{pmatrix} 1 \\ 2 \\ -1 \end{pmatrix} = 0$

$\qquad\qquad \iff x + 2y - z - 4 = 0 \cdots ②$

①を②に代入すると $\quad t + 4t + t - 4 = 0 \iff t = \dfrac{2}{3}$

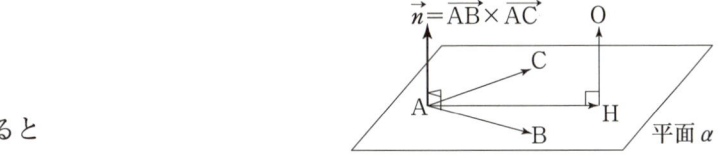

①に代入すると

点 $H\left(\dfrac{2}{3},\ \dfrac{4}{3},\ -\dfrac{2}{3}\right) = \left(\dfrac{\boxed{\text{オ}}}{\boxed{\text{カ}}},\ \dfrac{\boxed{\text{キ}}}{\boxed{\text{ク}}},\ \dfrac{\boxed{\text{ケコ}}}{\boxed{\text{サ}}}\right)$

問題 85 ベクトルの空間図形への応用

原点を O とする空間に 2 点 P$(s, s, s+2)$, Q$(t, t+2, -t-1)$ (s, t は実数) がある．ベクトル OP と OQ が垂直であるのは $s=\boxed{\text{ア}}$ または $t=\boxed{\text{イ}}$ のときである．s の値が $\boxed{\text{ア}}$ のときの点 P を P_0 とし，t の値が $\boxed{\text{イ}}$, 1 のときの点 Q をそれぞれ Q_0, Q_1 とする．このとき，三角形 OQ_0Q_1 の面積は $\boxed{\text{ウ}}$ であり，四面体 $OP_0Q_0Q_1$ の体積は $\boxed{\text{エ}}$ である．

解法のポイント

内積，面積，体積の公式を利用する．

重要

三角形 OAB の面積

$$S = \frac{1}{2}\sqrt{|\overrightarrow{OA}|^2|\overrightarrow{OB}|^2 - (\overrightarrow{OA} \cdot \overrightarrow{OB})^2}$$

四面体 OABC の面積

$$V = \frac{|(\overrightarrow{OA} \times \overrightarrow{OB}) \cdot \overrightarrow{OC}|}{6}$$

解答

$OP \perp OQ \iff OP \cdot OQ = 0 \iff (s-2)(t+1) = 0 \iff s = 2 = \boxed{ア}$,

$t = -1 = \boxed{イ}$

$P_0(2, 2, 4)$, $Q_0(-1, 1, 0)$, $Q_1(1, 3, -2)$

のとき $OP_0 \perp OQ_0$, $OP_0 \perp OQ_1$

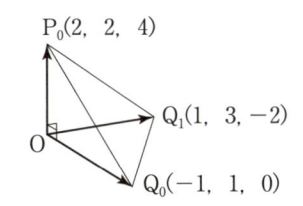

$|\overrightarrow{OP_0}| = 2\sqrt{6}$, $|\overrightarrow{OQ_0}| = \sqrt{2}$, $|\overrightarrow{OQ_1}| = \sqrt{14}$, $\overrightarrow{OQ_0} \cdot \overrightarrow{OQ_1} = 2$

図形のイメージが大切！

三角形 OQ_0Q_1 の面積

$$S = \frac{1}{2}\sqrt{(|\overrightarrow{OQ_0}||\overrightarrow{OQ_1}|)^2 - (\overrightarrow{OQ_0} \cdot \overrightarrow{OQ_1})^2} = \frac{\sqrt{28-4}}{2} = \sqrt{6} = \boxed{ウ}$$

四面体 $OP_0Q_0Q_1$ の体積 $V = \frac{1}{3} \cdot S \cdot |\overrightarrow{OP_0}| = \frac{\sqrt{6} \cdot 2\sqrt{6}}{3} = 4 = \boxed{エ}$

$V = \dfrac{|(\overrightarrow{OQ_0} \times \overrightarrow{OQ_1}) \cdot \overrightarrow{OP_0}|}{6}$ でコンパクト解法！

外積 $\overrightarrow{OP_0} \times \overrightarrow{OQ_0} = (2 \cdot 0 - 4 \cdot 1,\ 4 \cdot (-1) - 2 \cdot 0,\ 2 \cdot 1 - 2 \cdot (-1))$

$\qquad\qquad = (-4, -4, 4)$

内積 $(\overrightarrow{OP_0} \times \overrightarrow{OQ_0}) \cdot \overrightarrow{OQ_1} = 4\begin{pmatrix} -1 \\ -1 \\ 1 \end{pmatrix} \cdot \begin{pmatrix} 1 \\ 3 \\ -2 \end{pmatrix} = 4(-1 - 3 - 2) = -24$

よって，四面体 $OP_0Q_0Q_1$ の体積

$$V = \frac{|(\overrightarrow{OP_0} \times \overrightarrow{OQ_0}) \cdot \overrightarrow{OQ_1}|}{6} = \frac{|-24|}{6} = 4 = \boxed{エ}$$

問題 86 ベクトルの空間図形への応用

次の ア , イ , ウ の解答は下の解答群から一つ選べ．空間に異なる2つの定点 $A(\vec{a})$, $B(\vec{b})$ と動点 $P(\vec{p})$ がある．P が $(\vec{p}-\vec{b})\cdot(\vec{a}-\vec{b})=|\vec{a}-\vec{b}|^2$ を満たしながら動くとき，P が描く図形 F_1 は ア である．P が $(\vec{p}-\vec{b})\cdot(\vec{p}-\vec{a})=0$ を満たしながら動くとき，P が描く図形 F_2 は イ である．F_1 と F_2 の共有点の図形は ウ となる．

① 点　② 直線　③ 平面　④ 円　⑤ 球面　⑥ 放物線　⑦ 双曲線　⑧ 楕円　⑨ ①〜⑧以外の図形

解法のポイント

ベクトル方程式と図形で理解．

解 答

定点 $A(\vec{a})$, $B(\vec{b})$ に着目する.

$(\vec{p}-\vec{b})\cdot(\vec{a}-\vec{b})=|\vec{a}-\vec{b}|^2 \iff (\vec{p}-\vec{b})\cdot(\vec{a}-\vec{b})=(\vec{a}-\vec{b})\cdot(\vec{a}-\vec{b})$

$\iff (\vec{p}-\vec{a})\cdot(\vec{a}-\vec{b})=0 \iff \overrightarrow{AP}\cdot\overrightarrow{AB}=0 \iff \overrightarrow{AP}\perp\overrightarrow{AB}$

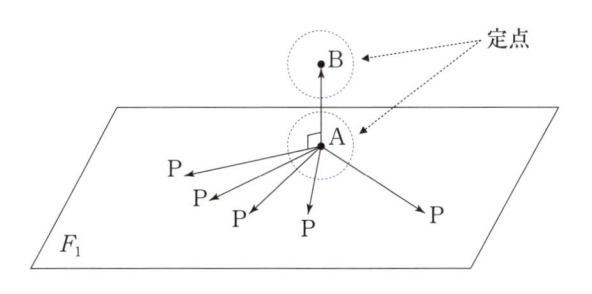

ア = ③

点 P が描く図形 F_1 は点 A を通り, $\overrightarrow{AB}$ に垂直な平面

$(\vec{p}-\vec{b})\cdot(\vec{p}-\vec{a})=0 \iff \overrightarrow{AP}\cdot\overrightarrow{BP}=0 \iff \overrightarrow{PA}\cdot\overrightarrow{PB}=0 \iff \overrightarrow{PA}\perp\overrightarrow{PB}$

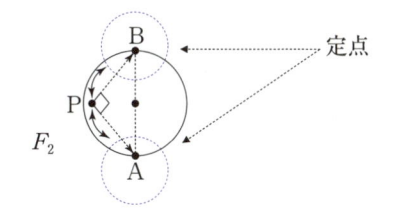

イ = ⑤

点 P が描く図形 F_2 は定点 A, B に対し $\overrightarrow{PA}\perp\overrightarrow{PB}$ であるから, 線分 AB を直径とする球面に垂直な平面

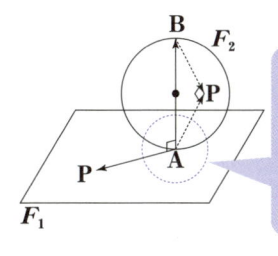

点 A は, 平面 F_1 上にあって, $\overrightarrow{AB}\perp F_1$ であり, 球面 F_2 は点 A で F_1 に接している.
$\iff F_1$ と F_2 の共有点は点 A のみ

ウ = ①

問題 87　数列

次の値を求めなさい.

$$\frac{1}{1\cdot 3} - \frac{1}{2\cdot 4} + \frac{1}{3\cdot 5} - \frac{1}{4\cdot 6} + \cdots\cdots - \frac{1}{8\cdot 10} + \frac{1}{9\cdot 11}$$

$$= \frac{\boxed{ア}\,\boxed{イ}}{\boxed{ウ}\,\boxed{エ}}$$

解法のポイント

奇数項と偶数項の部分分数の差分の和を利用する.

奇数番目の項の和

$$\sum_{k=1}^{5}\frac{1}{(2k-1)(2k+1)} = \sum_{k=1}^{5}\frac{1}{2}\left(\frac{1}{2k-1} - \frac{1}{2k+1}\right)$$

偶数番目の項の和 $\displaystyle\sum_{k=1}^{4}\frac{1}{2k(2k+2)} = \sum_{k=1}^{4}\frac{1}{2}\left(\frac{1}{2k} - \frac{1}{2k+2}\right)$

解答

$$\frac{1}{1\cdot 3}-\frac{1}{2\cdot 4}+\frac{1}{3\cdot 5}-\frac{1}{4\cdot 6}+\cdots\cdots-\frac{1}{8\cdot 10}+\frac{1}{9\cdot 11}$$

$$=\left(\frac{1}{1\cdot 3}+\frac{1}{3\cdot 5}+\cdots+\frac{1}{9\cdot 11}\right)-\left(\frac{1}{2\cdot 4}+\frac{1}{4\cdot 6}+\cdots+\frac{1}{8\cdot 10}\right)$$

ここで,

$$\frac{1}{1\cdot 3}+\frac{1}{3\cdot 5}+\cdots+\frac{1}{9\cdot 11}$$

$$=\frac{1}{2}\left\{\left(\frac{1}{1}-\frac{1}{3}\right)+\left(\frac{1}{3}-\frac{1}{5}\right)+\cdots+\left(\frac{1}{7}-\frac{1}{9}\right)+\left(\frac{1}{9}-\frac{1}{11}\right)\right\}$$

$$=\frac{1}{2}\left(\frac{1}{1}-\frac{1}{11}\right)=\frac{1}{2}\cdot\frac{10}{11}=\frac{5}{11}$$

$$\frac{1}{2\cdot 4}+\frac{1}{4\cdot 6}+\cdots+\frac{1}{8\cdot 10}$$

$$=\frac{1}{2}\left\{\left(\frac{1}{2}-\frac{1}{4}\right)+\left(\frac{1}{4}-\frac{1}{6}\right)+\cdots+\left(\frac{1}{6}-\frac{1}{8}\right)+\left(\frac{1}{8}-\frac{1}{10}\right)\right\}$$

$$=\frac{1}{2}\left(\frac{1}{2}-\frac{1}{10}\right)=\frac{1}{2}\cdot\frac{4}{10}=\frac{1}{5}$$

よって,

$$(与式)=\frac{5}{11}-\frac{1}{5}=\frac{\mathbf{14}}{\mathbf{55}}\quad\substack{アイ\\ウエ}$$

問題 88 漸化式

数列 $\{a_n\}$ が $a_1=1$, $a_{n+1}=\dfrac{a_n}{(2n+1)a_n+1}$ $(n=1, 2, 3, \cdots)$

で定義されているとき，一般項 a_n を n の式で表すと ☐ になる．

解法のポイント

$a_n \neq 0$, $a_{n+1} \neq 0$ を確認して，漸化式の逆数を利用する．

解答

$a_n=0$ とすると，$a_{n+1}=0$ より，$a_{n+1}=a_n=\cdots=a_1=1\ne0$

よって，これは矛盾する．ゆえに，$a_n\ne0$, $a_{n+1}\ne0$

漸化式の逆数をとると，

$$\frac{1}{a_{n+1}}=\frac{(2n+1)a_n+1}{a_n} \iff \frac{1}{a_{n+1}}-\frac{1}{a_n}=(2n+1)$$

> いきなり漸化式の逆数をとらないように！
> 背理法で必ず証明する．

数列 $\left\{\dfrac{1}{a_n}\right\}$ は階差数列

$$\frac{1}{a_n}=\frac{1}{a_1}+\sum_{k=1}^{n-1}(2k+1)\ (n=2,\ 3,\ \cdots)$$

$$=1+\frac{n-1}{2}\{3+(2n-1)\}$$

$$=\boldsymbol{n^2}\ (n\geqq1,\ n\text{ は整数})\ \text{これは，}n=1\text{ のときも成立する．}$$

よって，$\boldsymbol{a_n=\dfrac{1}{n^2}}\ \begin{pmatrix}n\geqq1\\ n\text{ は整数}\end{pmatrix}$

問題 89 漸化式

$a_1=1$, $a_2=4$, $a_{n+2}=-a_{n+1}+2a_n$ ($n=1, 2, 3, \cdots$) によって定められる数列 $\{a_n\}$ の一般項は $a_n=$ □ である.

解法のポイント

隣接3項間漸化式の公式

$a_{n+2}-qa_{n+1}=p(a_{n+1}-qa_n)$
$\iff a_{n+2}-(p+q)a_{n+1}+pqa_n=0$　ただし，p, q は定数

解 答

$a_{n+2} + a_{n+1} - 2\, a_n = 0$ 　　　　左辺の係数を比較

$\iff a_{n+2} - (p+q)a_{n+1} + pq a_n = 0$

となるから $\begin{cases} p+q = -1 \\ pq = -2 \end{cases}$

$\iff (p,\ q) = (1,\ -2)$ または $(-2,\ 1)$ 　　$p,\ q$ を解にもつ方程式は $t^2 - t - 2 = 0$ の解

よって $\begin{cases} a_{n+2} + 2a_{n+1} = a_{n+1} + 2a_n &\cdots ① \\ a_{n+2} - a_{n+1} = -2(a_{n+1} - a_n) &\cdots ② \end{cases}$

① より　$a_{n+2} + 2a_{n+1} = a_{n+1} + 2a_n = \cdots = a_2 + 2a_1 = 4 + 2 = 6$

$\iff a_{n+1} + 2a_n = 6 \cdots ③$

② より　$a_{n+1} - a_n = (a_2 + 2a_1)(-2)^{n-1} = 3 \cdot (-2)^{n-1}$

$\iff a_{n+1} - a_n = 3 \cdot (-2)^{n-1} \cdots ④$

③ ＋ ④ より　$3a_n = 6 - 3 \cdot (-2)^{n-1}$ 　　　③，④の連立漸化式から一般項 a_n を求める．

$\iff \boldsymbol{a_n = 2 - (-2)^{n-1}}\ (\boldsymbol{n = 1,\ 2,\ 3,\ \cdots})$

問題 90　漸化式

$a_1=1$, $a_2=\dfrac{1}{2}$, $a_{n-1}=(n+1)(a_n-a_{n+1})$ $(n\geqq 2)$ を満たす数列 $\{a_n\}$ がある．$b_n=(n+1)a_{n+1}-a_n$ $(n\geqq 1)$ とおけば，b_n と b_{n+1} の間には関係式 ［ア］ が成り立つ．したがって，数列 $\{b_n\}$ の一般項は $b_n=$ ［イ］ であり，数列 $\{a_n\}$ の一般項は ［ウ］ である．

解法のポイント

条件式を利用して漸化式を変形する．

解 答

$$a_{n-1} = (n+1)(a_n - a_{n+1})$$

$$\iff a_{n-1} = na_n + a_n - (n+1)a_{n+1}$$

$$\iff (n+1)a_{n+1} - a_n = na_n - a_{n-1} \quad (n \geq 2)$$

> 条件式を利用する

ここで，$b_n = (n+1)a_{n+1} - a_n$，$b_{n-1} = na_n - a_{n-1}$ より，

$$b_n = b_{n-1} \ (n \geq 2) \implies \boldsymbol{b_{n+1} = b_n \ (n \geq 1)} \quad \boxed{\text{ア}}$$

数列 $\{b_n\}$ の一般項

$$\boldsymbol{b_n = b_{n-1} = b_{n-2} = \cdots = b_2 = b_1 = 2a_2 - a_1 = 0} \iff \boldsymbol{b_n = 0} \quad \boxed{\text{イ}}$$

$$\iff 0 = (n+1)a_{n+1} - a_n \iff a_{n+1} = \frac{1}{n+1}a_n$$

$$a_n = \frac{1}{n}a_{n-1}, \ a_{n-1} = \frac{1}{n-1}a_{n-2}, \ a_{n-2} = \frac{1}{n-2}a_{n-3}, \ \cdots, \ a_2 = \frac{1}{2}a_1$$

$$\iff a_n = \frac{1}{n} \cdot \frac{1}{n-1} \cdot \frac{1}{n-2} \cdot \frac{1}{n-3} \cdots \frac{1}{3} \cdot \frac{1}{2} \cdot 1 = \boldsymbol{\frac{1}{n!}} \ (\boldsymbol{n \geq 1})$$

$$\iff \boldsymbol{a_n = \frac{1}{n!}} \quad \boxed{\text{ウ}}$$

問題 91 いろいろな数列

右図のように自然数を配置したとき，1 の右に並んでいる数の列を $\{a_n\}$ とする．たとえば，初めの 3 項は，$a_1=2$，$a_2=11$，$a_3=28$ である．

```
 ←   ←   ←   ←   ←   ←
↓37  36  35  34  33  32  31↑
↓38  17  16  15  14  13  30↑
↓39  18   5   4   3  12  29↑
↓40  19   6   1   2  11  28↑
↓41  20   7   8   9  10  27↑
↓42  21  22  23  24  25  26↑
↓43  44  45  46  47  48  49↗ ↑
 →   →   →   →   →   →   →
```

(i) $a_n = \boxed{\text{ア}}$ である．　(ii) $\displaystyle\sum_{k=1}^{n} a_k = \boxed{\text{イ}}$ である．

解法のポイント

群数列として捉えて，周期性を考える．

解答

右図のように，1辺が 1, 3, 5, …, $2n-1$ の正方形状に並べた最後の数

$$1^2, \ 3^2, \ 5^2, \ \cdots, \ (2n-1)^2$$

とすると

$$a_1 = 1^2 + 1, \ a_2 = 3^2 + 2, \ \cdots, \ a_n = (2n-1)^2 + n$$

と考えることができる．

(i) $a_1 = 2 = 1^2 + 1, \ a_2 = 11 = 3^2 + 2, \ a_3 = 28 = 5^2 + 3, \ \cdots$

$$a_n = (2n-1)^2 + n = \boldsymbol{4n^2 - 3n + 1} = \boxed{\ \text{ア}\ }$$

(ii) $\displaystyle\sum_{k=1}^{n} a_k = \sum_{k=1}^{n}(4k^2 - 3k + 1) = 4\sum_{k=1}^{n} k^2 - \sum_{k=1}^{n}(3k-1)$

$$= 4 \cdot \frac{n(n+1)(2n+1)}{6} - \frac{n}{2}\{2 + (3n-1)\} = \boldsymbol{\frac{n(8n^2 + 3n + 1)}{6}} = \boxed{\ \text{イ}\ }$$

問題 92 いろいろな数列

数列 1, 2, 2, 3, 3, 3, 4, 4, 4, 4, 5, … がある．この数列の第100項は アイ であり，この数列の初項から第100項までの和は ウエオ である．

解法のポイント

第 n 群の項数，初項と末項の項番，一般項を考える．

解答

第 n 群　n　n　……　n

初項から $\left(\dfrac{(n-1)n}{2}+1\right)$ 項目　　初項から $\left(1+\cdots+n=\dfrac{n(n+1)}{2}\right)$ 項目

第 n 群に第 100 項目があると考えると, $\dfrac{(n-1)n}{2}+1 \leqq 100 \leqq \dfrac{n(n+1)}{2}$

ここで, $200 \leqq n(n+1)$ について

$n=13$ のとき, $200 > 13 \times 14 = 182$, $n=14$ のとき, $200 < 14 \times 15 = 210$

よって, $n=14$ と推定できる. 第 14 群の初項は 14 で初項から

$\dfrac{13 \cdot 14}{2}+1=92$ 番目

$\iff$ 第 14 群は初項が 92, 公差 1 の等差数列の N 番目と考える

$\iff$ $100=92+(N-1)\cdot 1 \iff N=9$

$\iff$ 初項から第 100 項目は第 14 群の 9 番目

$\iff$ 第 100 項は $\boxed{\text{アイ}}=\mathbf{14}$

初項から第 100 項までの和

$\iff$ 第 1 群は 1 が 1 個, …,

　　第 13 群は 13 が 13 個, 第 14 群は 14 が 9 個

$\iff$ $1\cdot 1+2\cdot 2+3\cdot 3+4\cdot 4+\cdots+12\cdot 12+13\cdot 13+14\times 9=\mathbf{945}=\boxed{\text{ウエオ}}$

問題 93 行列の計算，行列の n 乗

$a,\ b$ を実数として，2 つの行列 $A=\begin{pmatrix} a & 2 \\ 3 & b \end{pmatrix}$, $B=\begin{pmatrix} b & 5 \\ -2 & a \end{pmatrix}$ がある．このとき，以下の ア から ツ に該当する数値を答えなさい．

$AB=\begin{pmatrix} x & 56 \\ y & 47 \end{pmatrix}$ であるとすると，$x=$ ア ，$y=$ イ ，さらに，

$$A+B=\begin{pmatrix} ウ & エ \\ オ & カ \end{pmatrix},\quad A-B=\begin{pmatrix} キ & ク \\ ケ & コ \end{pmatrix}$$

である．

また，$(A-B)^2=\begin{pmatrix} サ & シ \\ ス & セ \end{pmatrix}$，

$(A-B)^3=\begin{pmatrix} ソ & タ \\ チ & ツ \end{pmatrix}$

である．

解法のポイント

行列の和，積，ケーリーハミルトンの定理

解 答

$$AB = \begin{pmatrix} a & 2 \\ 3 & b \end{pmatrix} \begin{pmatrix} b & 5 \\ -2 & a \end{pmatrix} = \begin{pmatrix} ab-4 & 7a \\ b & 15+ab \end{pmatrix} = \begin{pmatrix} x & 56 \\ y & 47 \end{pmatrix}$$

$ab-4=x\cdots$① $\quad 7a=56 \iff \cdots$③ $\quad$③より $a=8\cdots$⑤

$b=y\cdots$② $\quad 15+ab=47\cdots$④ $\quad$③を④に代入すると $b=4\cdots$⑥

⑤⑥を①に代入すると $x=\mathbf{28}=\boxed{\text{ア}}$, ②=⑥より $y=\mathbf{4}=\boxed{\text{イ}}$

$$A+B = \begin{pmatrix} \mathbf{12} & \mathbf{7} \\ \mathbf{1} & \mathbf{12} \end{pmatrix} = \begin{pmatrix} \boxed{\text{ウ}} & \boxed{\text{エ}} \\ \boxed{\text{オ}} & \boxed{\text{カ}} \end{pmatrix},$$

$$A-B = \begin{pmatrix} \mathbf{4} & \mathbf{-3} \\ \mathbf{5} & \mathbf{-4} \end{pmatrix} = \begin{pmatrix} \boxed{\text{キ}} & \boxed{\text{ク}} \\ \boxed{\text{ケ}} & \boxed{\text{コ}} \end{pmatrix}$$

$(A-B)^2 = 0\cdot(A-B)-(-1)\cdot\mathrm{E} = \mathrm{E} = \begin{pmatrix} \mathbf{1} & \mathbf{0} \\ \mathbf{0} & \mathbf{1} \end{pmatrix} = \begin{pmatrix} \boxed{\text{サ}} & \boxed{\text{シ}} \\ \boxed{\text{ス}} & \boxed{\text{セ}} \end{pmatrix}$

$(A-B)^3 = (A-B)^2(A-B) = \mathrm{E}(A-B)$

$$= \begin{pmatrix} \mathbf{4} & \mathbf{-3} \\ \mathbf{5} & \mathbf{-4} \end{pmatrix} = \begin{pmatrix} \boxed{\text{ソ}} & \boxed{\text{タ}} \\ \boxed{\text{チ}} & \boxed{\text{ツ}} \end{pmatrix}$$

問題 94 行列の n 乗

2次の正方行列 A は，$A^2 - 3A + 2E = O$，$A\begin{pmatrix} 1 \\ 1 \end{pmatrix} = \begin{pmatrix} 0 \\ -2 \end{pmatrix}$ を満たす．

ただし，E は単位行列，O は零行列とする．

(1) $A\begin{pmatrix} 0 \\ -2 \end{pmatrix} = \begin{pmatrix} \boxed{アイ} \\ \boxed{ウエ} \end{pmatrix}$ である．

(2) $A = \begin{pmatrix} \boxed{オカ} & \boxed{キ} \\ \boxed{クケ} & \boxed{コ} \end{pmatrix}$ である．

(3) 自然数 n に対して，$A^{n+1} - A^n = \boxed{サ}^n (A - E)$ となる．

(4) 自然数 n に対して，

$A^n = (\boxed{サ}^n - \boxed{シ})A + (\boxed{ス}^n - \boxed{セ})E$ となる．

解法のポイント

行列の和，積，ケーリーハミルトンの定理

$A\begin{pmatrix} 1 \\ 1 \end{pmatrix} = \begin{pmatrix} 0 \\ -2 \end{pmatrix} \cdots ①$　①より，$A^2 \begin{pmatrix} 1 \\ 1 \end{pmatrix} = A\begin{pmatrix} 0 \\ -2 \end{pmatrix}$　ここで，$A^2 = 3A - 2E$ だ

から　$(3A - 2E)\begin{pmatrix} 1 \\ 1 \end{pmatrix} = A\begin{pmatrix} 0 \\ -2 \end{pmatrix} \iff 3A\begin{pmatrix} 1 \\ 1 \end{pmatrix} - 2\begin{pmatrix} 1 \\ 1 \end{pmatrix} = A\begin{pmatrix} 0 \\ -2 \end{pmatrix}$

$\iff 3\begin{pmatrix} 0 \\ -2 \end{pmatrix} - 2\begin{pmatrix} 1 \\ 1 \end{pmatrix} = A\begin{pmatrix} 0 \\ -2 \end{pmatrix} \iff A\begin{pmatrix} 0 \\ -2 \end{pmatrix} = \begin{pmatrix} \mathbf{-2} \\ \mathbf{-8} \end{pmatrix} = \begin{pmatrix} \boxed{アイ} \\ \boxed{ウエ} \end{pmatrix} \cdots ②$

①，②より，$A\begin{pmatrix} 1 & 0 \\ 1 & -2 \end{pmatrix} = \begin{pmatrix} 0 & -2 \\ -2 & -8 \end{pmatrix}$　ここで，$det\begin{pmatrix} 1 & 0 \\ 1 & -2 \end{pmatrix} = -2 \neq 0$

解 答

$$A\begin{pmatrix}1&0\\1&-2\end{pmatrix}\begin{pmatrix}1&0\\1&-2\end{pmatrix}^{-1}=\begin{pmatrix}0&-2\\-2&-8\end{pmatrix}\cdot\frac{1}{-2}\begin{pmatrix}-2&0\\-1&1\end{pmatrix}$$

$$\iff A=\begin{pmatrix}-1&1\\-6&4\end{pmatrix}=\begin{pmatrix}\boxed{オカ}&\boxed{キ}\\\boxed{クケ}&\boxed{コ}\end{pmatrix}$$

(3) $A^2-3A+2E=O \iff A^2-A-2A+2E=O$

$$\iff \begin{cases}A^2-A=2(A-E)\cdots ③\\A^2-2A=A-2E\cdots ④\end{cases}$$

③より，両辺に A をかけると

$A^3-A^2=2(A^2-A)=2^2(A-E)$　同様に繰り返すと

$A^4-A^3=2^3(A-E),\ \cdots,\ \boldsymbol{A^{n+1}-A^n=2^n(A-E)}=\boxed{サ}^n(A-E)\cdots ⑤$

※これは数学的帰納法によって簡単に証明できる

また，④より両辺に A をかけると

$A^3-2A^2=A^2-2A=A-2E$　同様に繰り返すと

$A^4-2A^3=A-2E,\ \cdots,\ A^{n+1}-2A^n=A-2E\cdots ⑥$

※これは数学的帰納法によって簡単に証明できる

⑤-⑥より，$\boldsymbol{A^n=(2^n-1)A+(2-2^n)E}$

$$=(\boxed{サ}^n-\boxed{シ})A+(\boxed{ス}^n-\boxed{セ})E$$

問題 95 回転

$A = \dfrac{1}{2}\begin{pmatrix} -1 & \sqrt{3} \\ -\sqrt{3} & -1 \end{pmatrix}$ のとき，$A^{-1}=$ ア ，$A^5=$ イ である．

解法のポイント

原点を中心とした反時計回りに θ 回転の移動を表す行列

① $\begin{pmatrix} \cos\theta & -\sin\theta \\ \sin\theta & \cos\theta \end{pmatrix}$

② $\begin{pmatrix} \cos\theta & -\sin\theta \\ \sin\theta & \cos\theta \end{pmatrix}^{-1} = \begin{pmatrix} \cos(-\theta) & -\sin(-\theta) \\ \sin(-\theta) & \cos(-\theta) \end{pmatrix}$,

③ $\begin{pmatrix} \cos\theta & -\sin\theta \\ \sin\theta & \cos\theta \end{pmatrix}^n = \begin{pmatrix} \cos n\theta & -\sin n\theta \\ \sin n\theta & \cos n\theta \end{pmatrix}$

解答

$$A = \frac{1}{2}\begin{pmatrix} -1 & \sqrt{3} \\ -\sqrt{3} & -1 \end{pmatrix} = \begin{pmatrix} -\frac{1}{2} & \frac{\sqrt{3}}{2} \\ -\frac{\sqrt{3}}{2} & -\frac{1}{2} \end{pmatrix} = \begin{pmatrix} \cos\frac{4}{3}\pi & -\sin\frac{4}{3}\pi \\ \sin\frac{4}{3}\pi & \cos\frac{4}{3}\pi \end{pmatrix}$$

行列 A は，原点を中心とした反時計回りに $\frac{4}{3}\pi$ 回転の移動を表す一次変換を示す．

行列 A^{-1} は原点を中心として時計回りに $-\frac{4}{3}\pi$ 回転の移動を表す一次変換

$$A^{-1} = \begin{pmatrix} \cos\left(-\frac{4}{3}\pi\right) & -\sin\left(-\frac{4}{3}\pi\right) \\ \sin\left(-\frac{4}{3}\pi\right) & \cos\left(-\frac{4}{3}\pi\right) \end{pmatrix}$$

$$= \begin{pmatrix} \cos\frac{4}{3}\pi & \sin\frac{4}{3}\pi \\ -\sin\frac{4}{3}\pi & \cos\frac{4}{3}\pi \end{pmatrix} = \begin{pmatrix} -\frac{1}{2} & -\frac{\sqrt{3}}{2} \\ \frac{\sqrt{3}}{2} & -\frac{1}{2} \end{pmatrix} = \boxed{\text{ア}}$$

また，$A^n = \begin{pmatrix} \cos n\theta & -\sin n\theta \\ \sin n\theta & \cos n\theta \end{pmatrix}$ と表されるから

$$A^5 = \begin{pmatrix} \cos\frac{20}{3}\pi & -\sin\frac{20}{3}\pi \\ \sin\frac{20}{3}\pi & \cos\frac{20}{3}\pi \end{pmatrix} = \begin{pmatrix} \cos\frac{2}{3}\pi & -\sin\frac{2}{3}\pi \\ \sin\frac{2}{3}\pi & \cos\frac{2}{3}\pi \end{pmatrix} = \begin{pmatrix} -\frac{1}{2} & -\frac{\sqrt{3}}{2} \\ \frac{\sqrt{3}}{2} & -\frac{1}{2} \end{pmatrix}$$

$$= \boxed{\text{イ}}$$

問 題 96 回転

行列 $A = \begin{pmatrix} a & b \\ c & d \end{pmatrix}$ の表す 1 次変換により点 B(1, 1) と点 C(1, 0) はそれぞれ点 B′ と点 C′ に移されるとする．また O(0, 0) を原点とする．$\overrightarrow{OB'} = 2\overrightarrow{OB}$，かつ三角形 OB′C′ が正三角形となるような行列 A をすべて求めると $A = \boxed{}$ である．

解法のポイント

原点周りの θ 回転移動を表す行列

原点周りの θ 回転移動を表す行列で解く

行列 $A = \begin{pmatrix} \cos\theta & -\sin\theta \\ \sin\theta & \cos\theta \end{pmatrix}$ を，原点を中心とした反時計回りに θ 回転の移動を表す一次変換とすると，

$$A^n = \begin{pmatrix} \cos n\theta & -\sin n\theta \\ \sin n\theta & \cos n\theta \end{pmatrix}$$ と表される

$f(\overrightarrow{OB}) = \overrightarrow{OB'} \iff A\begin{pmatrix} 1 \\ 1 \end{pmatrix} = \begin{pmatrix} 2 \\ 2 \end{pmatrix}$ …①, $f(\overrightarrow{OC}) = \overrightarrow{OC'} \iff \overrightarrow{OC'} = g(\overrightarrow{OB'})$

ここで，正三角形 OB′C′ だから $|\overrightarrow{OB'}| = |\overrightarrow{OC'}| = 2\sqrt{2}$, $\angle B'OC' = \pm 60°$

解答

点 B′ を点 C′ に移す 1 次変換を g とすると,点 C′ は原点 O を中心として点 B′ を $\pm 60°$ 回転移動した点だから,

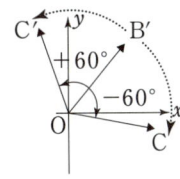

$$\overrightarrow{OC'} = g(\overrightarrow{OB'}) \iff \overrightarrow{OC'} = \begin{pmatrix} \cos(\pm 60°) & -\sin(\pm 60°) \\ \sin(\pm 60°) & \cos(\pm 60°) \end{pmatrix} \begin{pmatrix} 2 \\ 2 \end{pmatrix}$$

$$\iff \overrightarrow{OC'} = \frac{1}{2}\begin{pmatrix} 1 & \mp\sqrt{3} \\ \pm\sqrt{3} & 1 \end{pmatrix}\begin{pmatrix} 2 \\ 2 \end{pmatrix} = \begin{pmatrix} 1 & \mp\sqrt{3} \\ \pm\sqrt{3} & 1 \end{pmatrix}\begin{pmatrix} 1 \\ 1 \end{pmatrix} = \begin{pmatrix} 1\mp\sqrt{3} \\ 1\pm\sqrt{3} \end{pmatrix}$$

以上より,1 次変換 f を表す行列を $A = \begin{pmatrix} a & b \\ c & d \end{pmatrix}$ とすると,

$$f(\overrightarrow{OC}) = \overrightarrow{OC'} \iff A\begin{pmatrix} 1 \\ 0 \end{pmatrix} = \begin{pmatrix} 1\mp\sqrt{3} \\ 1\pm\sqrt{3} \end{pmatrix} \cdots ②$$

①,② より $A\begin{pmatrix} 1 & 1 \\ 1 & 0 \end{pmatrix} = \begin{pmatrix} 2 & 1\mp\sqrt{3} \\ 2 & 1\pm\sqrt{3} \end{pmatrix} \iff A = \begin{pmatrix} 2 & 1\mp\sqrt{3} \\ 2 & 1\pm\sqrt{3} \end{pmatrix}\begin{pmatrix} 1 & 1 \\ 1 & 0 \end{pmatrix}^{-1}$

$$= \begin{pmatrix} 2 & 1\mp\sqrt{3} \\ 2 & 1\pm\sqrt{3} \end{pmatrix} \cdot \frac{1}{-1}\begin{pmatrix} 0 & -1 \\ -1 & 1 \end{pmatrix}$$

$$= \begin{pmatrix} \mathbf{1\mp\sqrt{3}} & \mathbf{1\pm\sqrt{3}} \\ \mathbf{1\pm\sqrt{3}} & \mathbf{1\mp\sqrt{3}} \end{pmatrix} = \boxed{} \quad \text{(複号同順)}$$

問題 97　点の移動

関数 $f(x)=a(x-b)^2+c$ を考える．

行列 $\begin{pmatrix} f(0) & f(1) \\ f(2) & f(3) \end{pmatrix}$ が，直線 $y=-x$ に関する対称移動となる 1 次変換を表すとき，$c=\dfrac{\boxed{\text{アイ}}}{\boxed{\text{ウ}}}$ である．

解法のポイント

直線 $y=mx$ に関する対称移動となる 1 次変換を表す行列

$$\dfrac{1}{1+m^2}\begin{pmatrix} 1-m^2 & 2m \\ 2m & -1+m^2 \end{pmatrix}$$

解 答

直線 $y=-x$ に関する対称移動となる1次変換を表す行列 $\begin{pmatrix} 0 & -1 \\ -1 & 0 \end{pmatrix}$

だから,

$$\begin{pmatrix} f(0) & f(1) \\ f(2) & f(3) \end{pmatrix} = \begin{pmatrix} 0 & -1 \\ -1 & 0 \end{pmatrix}$$

> 2次方程式の解として
> コンパクトにまとめる.

ここで, $f(0)=0$, $f(3)=0$

$\iff x=3,\ x=0$ は2次方程式 $f(x)=a(x-b)^2+c=0$ の解

$\iff f(x)=ax(x-3)=0 \cdots ①$

また, $f(1)=f(2)=-1 \iff a=\dfrac{1}{2} \cdots ②$

よって, ①, ② より $f(x)=\dfrac{1}{2}x(x-3)=\dfrac{1}{2}(x^2-3x)=\dfrac{1}{2}\left\{\left(x-\dfrac{3}{2}\right)^2-\left(\dfrac{3}{2}\right)^2\right\}$

$\iff f(x)=\dfrac{1}{2}\left(x-\dfrac{3}{2}\right)^2-\dfrac{9}{8}$　　$c=\dfrac{\mathbf{-9}}{\mathbf{8}}=\dfrac{\boxed{アイ}}{\boxed{ウ}}$

問題 98　1次変換

以下の文章の空欄に適切な数または式を入れて文章を完成させなさい．

xy 平面上の曲線 $5x^2+2\sqrt{3}xy+7y^2=16$ 上の点は原点を中心とする $30°$ の回転移動によって，楕円 $\dfrac{x^2}{\boxed{ア}}+\dfrac{y^2}{\boxed{イ}}=1$ 上の点に移る．

解法のポイント

"原点を中心とする θ の回転移動" と "軌跡"

解答

曲線 C　$5x^2+2\sqrt{3}xy+7y^2=16$ 上の点 $P(x, y)$ とする.

点 P が原点を中心とする $30°$ の回転移動によって移動する点を $Q(X, Y)$ とする. ただし, xy 平面上の点.

$$\begin{pmatrix} X \\ Y \end{pmatrix} = \begin{pmatrix} \cos 30° & -\sin 30° \\ \sin 30° & \cos 30° \end{pmatrix} \begin{pmatrix} x \\ y \end{pmatrix}$$

$$\iff \begin{pmatrix} x \\ y \end{pmatrix} = \begin{pmatrix} \cos(-30°) & -\sin(-30°) \\ \sin(-30°) & \cos(-30°) \end{pmatrix} \begin{pmatrix} X \\ Y \end{pmatrix}$$

$$\iff \begin{pmatrix} x \\ y \end{pmatrix} = \frac{1}{2} \begin{pmatrix} \sqrt{3} & 1 \\ -1 & \sqrt{3} \end{pmatrix} \begin{pmatrix} X \\ Y \end{pmatrix}$$

$$\iff x = \frac{\sqrt{3}X+Y}{2} \cdots ①, \quad y = \frac{-X+\sqrt{3}Y}{2} \cdots ②$$

$P(x, y)$ は, 曲線 $C (x+\sqrt{3}y)^2 + 4(x^2+y^2) = 16 \cdots ③$ 上にあるから,

①$+$②$\times\sqrt{3}$　$x+\sqrt{3}y = \frac{\sqrt{3}X+Y}{2} + \frac{\sqrt{3}(-X+\sqrt{3}Y)}{2} = 2Y \cdots ④$

①$^2+$②^2　$x^2+y^2 = \left(\frac{\sqrt{3}X+Y}{2}\right)^2 + \left(\frac{-X+\sqrt{3}Y}{2}\right)^2 = X^2+Y^2 \cdots ⑤$

④⑤を③に代入すると $(2Y)^2 + 4(X^2+Y^2) = 16 \iff \dfrac{X^2}{4} + \dfrac{Y^2}{2} = 1$

この軌跡の方程式を逆にたどると条件を満たすから

楕円 $\dfrac{x^2}{\mathbf{4}} + \dfrac{y^2}{\mathbf{2}} = \dfrac{x^2}{\boxed{ア}} + \dfrac{y^2}{\boxed{イ}} = 1$

問題 99 楕円

$a>0$ とする．2点 $P(a, 0)$, $Q(-a, 0)$ を焦点とし，$(0, a)$, $(0, -a)$ を通る楕円を考える．点Pを通り，y 軸に平行な直線が第1象限でこの楕円と交わる点を A とし，$\angle AQP = \theta$ とする．

このとき，$\cos\theta = \dfrac{\boxed{アイ}}{\boxed{ウ}}$ である．

解法のポイント

焦点の位置，短軸の位置から楕円を考える．

重要

楕円の方程式 $\dfrac{x^2}{a^2} + \dfrac{y^2}{b^2} = 1$

❶ $a>b>0$ のとき

焦点 $(\pm\sqrt{a^2-b^2},\ 0)$

距離の和 $PF+PF'=2a$，長軸 $2a$，短軸 $2b$

❷ $b>a>0$ のとき

焦点 $(0,\ \pm\sqrt{b^2-a^2})$

距離の和 $PF+PF'=2b$，長軸 $2b$，短軸 $2a$

解答

楕円の長軸 $2b$（>0）とすると，短軸 $2a$ とすると，焦点から

$\pm a = \sqrt{b^2 - a^2} \iff a^2 = b^2 - a^2 \iff b^2 = 2a^2$

よって，楕円の方程式は

$$\frac{x^2}{2a^2} + \frac{y^2}{a^2} = 1$$

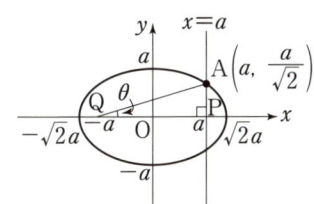

$x = a$ と楕円の交点の y 座標は第1象限にあるから $y > 0$

$\frac{a^2}{2a^2} + \frac{y^2}{a^2} = 1 \iff y = \frac{a}{\sqrt{2}}$

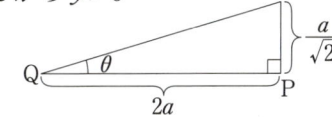

$\cos\theta = \dfrac{1}{\sqrt{1+\tan^2\theta}} = \dfrac{1}{\sqrt{1+\left(\dfrac{\frac{a}{\sqrt{2}}}{2a}\right)^2}} = \dfrac{\mathbf{2\sqrt{2}}}{\mathbf{3}} = \dfrac{\boxed{\text{アイ}}}{\boxed{\text{ウ}}}$

問題 100 極座標と極方程式

極方程式 $r = 1 + \cos\theta$ $(0 \leq \theta \leq \pi)$ で表される曲線 C について考えられる．

(1) C 上の点のうち，x 座標が最小となる点は $\theta = \dfrac{\boxed{ア}}{\boxed{イ}}\pi$ により与えられる．また，y 座標が最大となる点は $\theta = \dfrac{\boxed{ウ}}{\boxed{エ}}\pi$ により与えられる．

(2) C 上の点 $P(x, y)$ に対し，定積分 $\displaystyle\int_0^\pi \sqrt{\left(\dfrac{dx}{d\theta}\right)^2 + \left(\dfrac{dy}{d\theta}\right)^2}\, d\theta$ を計算すると $\boxed{オ}$ である．

解法のポイント

極座標を直交座標に $x = r\cos\theta$, $y = r\sin\theta$, $x^2 + y^2 = 1$ で変換する．

極方程式 $r = 1 + \cos\theta$ で表される曲線 C を直交座標 (x, y) で表すと曲線 C $x = (1 + \cos\theta)\cos\theta$ … ①, $y = (1 + \cos\theta)\sin\theta$ … ②

となる．

(1) $\dfrac{dx}{d\theta} = -\sin\theta \cdot \cos\theta + (1 + \cos\theta)(-\sin\theta) = -\sin\theta(2\cos\theta + 1)$

$0 \leq \theta \leq \pi$ より，$0 \leq \sin\theta$, $-2\cos\theta - 1 = 0 \iff \theta = \dfrac{2}{3}\pi$

解 答

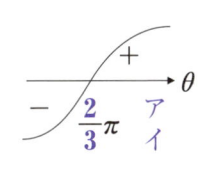

θ	0	$\cdots$	$\dfrac{2}{3}\pi$	$\cdots$	π
$\dfrac{dx}{d\theta}$		$-$	0	$+$	
x		↘		↗	

最小

$$\dfrac{dy}{d\theta} = -\sin\theta\cdot\sin\theta + (1+\cos\theta)\cos\theta = (2\cos\theta - 1)(\cos\theta + 1)$$

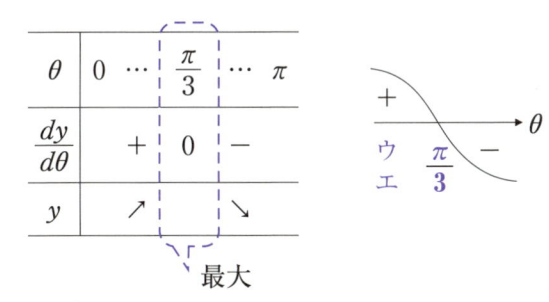

$0 \leqq \theta \leqq \pi$ より, $0 \leqq \cos\theta + 1$, $2\cos\theta - 1 = 0 \iff \theta = \dfrac{\pi}{3}$

θ	0	$\cdots$	$\dfrac{\pi}{3}$	$\cdots$	π
$\dfrac{dy}{d\theta}$		$+$	0	$-$	
y		↗		↘	

最大

(2) $\left(\dfrac{dx}{d\theta}\right)^2 + \left(\dfrac{dy}{d\theta}\right)^2 = \{-\sin\theta(2\cos\theta + 1)\}^2 + \{(2\cos\theta - 1)(\cos\theta + 1)\}^2$

$= 2(1+\cos\theta) = 2\cdot 2\cos^2\dfrac{\theta}{2} = \left(2\cos\dfrac{\theta}{2}\right)^2$

ここで, $0 \leqq \dfrac{\theta}{2} \leqq \dfrac{\pi}{2}$ より $0 \leqq \cos\dfrac{\theta}{2}$

$$\int_0^\pi \sqrt{\left(\dfrac{dx}{d\theta}\right)^2 + \left(\dfrac{dy}{d\theta}\right)^2}\, d\theta = \int_0^\pi \left(2\cos\dfrac{\theta}{2}\right) d\theta = \left[\dfrac{2\sin\dfrac{\theta}{2}}{\dfrac{1}{2}}\right]_0^\pi = \mathbf{4}$$

問題 101　1階微分方程式

微分方程式 $\dfrac{dy}{dx}=-\dfrac{y}{x^3}$ の解で $x=1$ のとき $y=1$ となるものは $y=\boxed{}$ である．

解法のポイント

変数分離形による1階微分方程式で考察する．

重要

微分方程式

独立変数 x とその未知関数 y およびその導関数 y', y'', ……を含む方程式 $F(x, y, y', y'', \cdots\cdots)=0$ を微分方程式という．微分方程式に含まれている導関数の最高次数を，その微分方程式の階数といい，階数が n である微分方程式を n 階微分方程式という．

1階微分方程式の解法

❶　変数分離形　　$\dfrac{dy}{dx}=f(x)\cdot g(y) \Longrightarrow \displaystyle\int\dfrac{1}{g(y)}\,dy=\int f(x)dx$

❷　定数係数の1階線形微分方程式

$$y'+ky=f(x) \Longrightarrow y=e^{-kx}\left(\int e^{kx}f(x)dx+C\right)$$

ただし，C は任意の定数

解 答

$$\frac{dy}{dx} = -\frac{y}{x^3}$$

> 変数分離形

$$\iff \frac{1}{y}\,dy = -\frac{1}{x^3}\,dx$$

$$\iff \int \frac{1}{y}\,dy = -\int \frac{1}{x^3}\,dx$$

$$\iff \log y = \frac{x^{-2}}{2} + C$$

> 係数をまとめる

$$\iff y = e^{\frac{x^{-2}}{2}+C} = e^{\frac{1}{2x^2}+C} = e^C e^{\frac{1}{2x^2}} = D e^{\frac{1}{2x^2}}$$

$$\iff y = D e^{\frac{1}{2x^2}} \quad (\text{ただし, } D = e^C)$$

ここで, $x=1$ のとき $y=1$ だから,

$$1 = D e^{\frac{1}{2}}$$

$$\iff D = e^{-\frac{1}{2}}$$

以上より,

$$y = e^{-\frac{1}{2}} e^{\frac{1}{2x^2}}$$

$$= e^{\frac{1}{2}\left(\frac{1}{x^2}-1\right)}$$

$$\iff \boldsymbol{y = e^{\frac{1}{2}\left(\frac{1}{x^2}-1\right)}}$$

問題 102　1階微分方程式

点 $(-1, 1)$ を通る曲線上の任意の点 $\mathrm{P}(x, y)$ における接線が，点 $\left(\dfrac{3}{4}x, 0\right)$ を通るという．この曲線の方程式を求めよ．

曲線の方程式を $Y = f(X)$ …① とする．

①から　$Y' = f'(X)$

よって，①上の点 $\mathrm{P}(x, y)$ における接線の方程式は

$$Y - y = f'(x)(X - x) \cdots ②$$

②は，点 $\left(\dfrac{3}{4}x, 0\right)$ を通るから

$$0 - y = f'(x)\left(\dfrac{3}{4}x - x\right)$$

$$\iff -y = f'(x)\left(-\dfrac{1}{4}x\right)$$

$$\iff -y = \dfrac{dy}{dx}\left(-\dfrac{1}{4}x\right)$$

$$\iff y = \dfrac{x}{4}\dfrac{dy}{dx}$$

$$\iff \dfrac{1}{y}\,dy = \dfrac{4}{x}\,dx$$

$$\iff \int \dfrac{1}{y}\,dy = \int \dfrac{4}{x}\,dx$$

解答

$\iff \log|y| = 4\log|x| + C$

$\iff \log|y| = \log e^C x^4$

$\iff |y| = e^C x^4$

$\iff y = \pm e^C x^4$

ここで，$D = \pm e^C$ とすると，$y = Dx^4 \cdots$ ③

③は点 $(-1, 1)$ を通るから $D = 1$

以上より，$\boldsymbol{y = x^4}$

問題 103　1階微分方程式

y は x の関数で，$x=0$ のとき $y=0$ であり，y と x の間に微分方程式

$$\frac{dy}{dx}=2-5y-3y^2$$

が成り立っている．

(1) $\displaystyle\int\frac{dy}{2-5y-3y^2}=x+C$ が成り立つことを示せ．C は定数である．

(2) この微分方程式を解いて，y と x の関係を求めよ．

(1) $\dfrac{dy}{dx}=2-5y-3y^2$ …① とする．

① は $x=0$ のとき $y=0$ だから $2-5y-3y^2 \neq 0$

$$\frac{dy}{2-5y-3y^2}=dx$$

$$\iff \int\frac{dy}{2-5y-3y^2}=\int dx \iff \int\frac{dy}{2-5y-3y^2}=x+C$$

(2) (1)から $\displaystyle\int\frac{dy}{(2+y)(1-3y)}=x+C$ …②

ここで $\dfrac{1}{(2+y)(1-3y)}=\dfrac{A}{2+y}+\dfrac{B}{1-3y}$ とすると，

$$\frac{A}{2+y}+\frac{B}{1-3y}=\frac{A(1-3y)+B(2+y)}{(2+y)(1-3y)}$$

$$=\frac{(-3A+B)y+(A+2B)}{(2+y)(1-3y)}$$

解答

よって, $\begin{cases} -3A+B=0 \\ A+2B=1 \end{cases} \iff \begin{cases} A=\dfrac{1}{7} \\ B=\dfrac{3}{7} \end{cases}$

②に当てはめると

$$\frac{1}{7}\int \frac{1}{y+2}\,dy - \frac{3}{7}\int \frac{1}{3y-1}\,dy = x+C$$

$$\iff \frac{1}{7}\int \frac{1}{y+2}\,dy - \frac{1}{7}\int \frac{3}{3y-1}\,dy = x+C$$

$\displaystyle\int \frac{\{f(x)\}'}{f(x)}\,dx = \log|f(x)|+C$

$$\iff \frac{1}{7}\log|y+2| - \frac{1}{7}\log|3y-1| = x+C$$

$$\iff \log\left|\frac{y+2}{3y-1}\right| = 7x+C' \quad (C'=7C)$$

$$\iff \left|\frac{y+2}{3y-1}\right| = e^{7x+C'} \iff \frac{y+2}{3y-1} = \pm e^{C'}e^{7x}$$

$$\iff \frac{y+2}{3y-1} = De^{7x} \cdots ③ \quad (ただし,\ D=\pm e^{C'})$$

ここで, $x=0$ のとき $y=0$ だから

$\dfrac{0+2}{0-1} = D \iff D=-2$ ③に代入すると

$$\frac{y+2}{3y-1} = -2e^{7x}$$

$$\iff y+2 = (-6y+2)e^{7x} \iff (1+6e^{7x})y = 2e^{7x}-2$$

ここで, $1+6e^{7x}>0$ だから $\boldsymbol{y=\dfrac{2e^{7x}-2}{6e^{7x}+1}}$

問題引用大学一覧

大 学 名	問題番号
自治医科大学	2, 8, 10, 13, 67, 70
獨協医科大学	1, 6, 9, 25, 64, 81, 84, 92, 94, 100
北里大学医学部	78, 90
杏林大学医学部	17, 32, 35, 49, 50, 51, 76, 86
慶應義塾大学医学部	24, 31, 47, 53, 54, 55, 89, 96, 98
東海大学医学部	36, 41, 45, 46, 48, 68, 79, 91
東京医科大学	14, 20, 44, 52, 60, 73
東京慈恵会医科大学	12, 63, 65, 69, 85
東邦大学医学部	15, 21, 33, 71, 80, 97, 99
聖マリアンナ医科大学	93
藤田保健衛生大学医学部	3, 7, 16, 37, 83
埼玉医科大学	27, 56, 58, 87
関西医科大学	22, 28, 62, 74, 75, 95
兵庫医科大学	4, 34, 72, 77, 88
久留米大学医学部	11, 19, 23, 26, 43, 59, 61
産業医科大学	18, 29, 40, 57
福岡大学医学部	5, 30, 38, 39, 42, 66, 82

MEMO

松井伸容（まつい のぶひろ）

　学生時代から予備校講師を始め，河合塾，代々木ゼミナール（名古屋，岐阜，岡崎，浜松などの中部地区に出講）を経て，2009 年から活動の場を首都圏に移す．

　現在は，神奈川大学理学部 数理物理学科講師として教壇に立つばかりでなく，医系専門予備校 メディカル ラボ（さいたま校，千葉津田沼校，立川校），医歯専門予備校 メルリックス学院（渋谷），医学部受験予備校 aps（渋谷）から早稲田予備校，四谷学院など多数の予備校へ出講中．週に 30 コマ程度をこなすパワフル講師．

　合格へ直結する独自の解法の「読解数学」と「コンパクト解法」「解法の裏ワザ」で多くの医学部受験生を合格へと導いている．

大学教養 基礎数学 [演習編]

2014 年 4 月 1 日　第 1 版第 1 刷発行 ©

著　者　　松井伸容
発行者　　武村哲司
印　刷　　萩原印刷株式会社

発　行　　株式会社　開　拓　社
　　　　　〒 113-0023　東京都文京区向丘 1 丁目 5 番 2 号
　　　　　電話〈営業〉(03) 5842-8900　〈編集〉(03) 5842-8902
　　　　　振替口座　00160-8-39587
　　　　　http://www.kaitakusha.co.jp

装　丁　　宮嶋章文

ISBN978-4-7589-3641-5 C3041

JCOPY 〈(社)出版者著作権管理機構　委託出版物〉
本書の無断複写は，著作権法上での例外を除き禁じられています．複写される場合は，そのつど事前に，(社)出版者著作権管理機構（電話 03-3513-6969，FAX 03-3513-6979，e-mail: info@jcopy.or.jp）の許諾を得てください．